Fachwissen Technische Akustik

Diese Reihe behandelt die physikalischen und physiologischen Grundlagen der Technischen Akustik, Probleme der Maschinen- und Raumakustik sowie die akustische Messtechnik. Vorgestellt werden die in der Technischen Akustik nutzbaren numerischen Methoden einschließlich der Normen und Richtlinien, die bei der täglichen Arbeit auf diesen Gebieten benötigt werden.

Gerhard Müller · Michael Möser
Herausgeber

Akustische Messtechnik

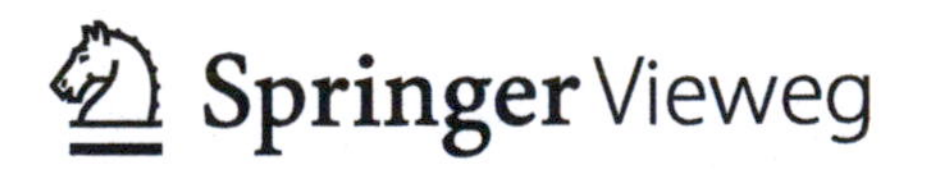

Herausgeber
Gerhard Müller
Lehrstuhl für Baumechanik
Technische Universität München
München, Deutschland

Michael Möser
Institut für Technische Akustik
Technische Universität Berlin
Berlin, Deutschland

Fachwissen Technische Akustik
ISBN 978-3-662-55370-1 ISBN 978-3-662-55371-8 (eBook)
DOI 10.1007/978-3-662-55371-8

Die Deutsche Nationalbibliothek verzeichnet diese Publikation in der Deutschen Nationalbibliografie; detaillierte bibliografische Daten sind im Internet über http://dnb.d-nb.de abrufbar.

Springer Vieweg

Dieser Beitrag wurde zuerst veröffentlicht in: G. Müller, M. Möser (Hrsg.), Taschenbuch der Technischen Akustik, Springer Nachschlagewissen, Springer-Verlag Berlin Heidelberg 2015, DOI 10.1007/978-3-662-43966-1_2-1

Gedruckt auf säurefreiem und chlorfrei gebleichtem Papier

Springer Vieweg ist Teil von Springer Nature
Die eingetragene Gesellschaft ist Springer-Verlag GmbH Deutschland
Die Anschrift der Gesellschaft ist: Heidelberger Platz 3, 14197 Berlin, Germany

Inhaltsverzeichnis

Autorenverzeichnis

Michael Vorländer Institut für Technische Akustik, RWTH Aachen, Aachen, Deutschland

Akustische Messtechnik

Michael Vorländer

Zusammenfassung
Akustische Messungen sind wesentlich in der Forschung und bei Untersuchungen in der schalltechnischen Praxis. Fast jede akustische Messapparatur besteht aus einem oder mehreren Mikrofonen oder anderen vibroakustischen Sensoren sowie einem Empfangsteil in Form eines Schallpegelmessers mit Bandpässen oder A-Filtern oder eines Analysesystems zur Bestimmung von Übertragungsfunktionen oder Impulsantworten. Der Beitrag behandelt die Komponenten einer Messapparatur, deren Aufbau, Funktionsweise und Kalibrierung sowie die signaltheoretische Analyse komplexer Schall-Übertragungsfunktionen mit FFT-Analysatoren. Ferner werden typische Messräume und Labor-Apparaturen vorgestellt, so auch in Beispielen zur Absorptionsgrad- und Impedanzmessung, zur Modalanalyse und zu Arraymesstechniken.

1 Akustische Messtechnik

1.1 Einleitung

Akustische Messungen sind selbstverständliche Bestandteile von akustischen Untersuchungen, sei es in der Forschung oder in der schalltechnischen Praxis [1, 2]. Sie dienen als wesentliches Mittel zur Analyse von akustischen Problemstellungen oder als Referenz für theoretische und numerische Ansätze. Akustische Messungen in der schalltechnischen Praxis vor Ort sind oft „schwierig“ (immerhin gab es eine frühe Fassung einer bauakustischen DIN-Norm, in der vor der bedenkenlosen Verwendung der Messergebnisse gewarnt wurde, jedenfalls dann, wenn die Ergebnisse nicht von Akustik-Experten interpretiert würden.). Dementsprechend darf man auch nicht erwarten, dass Messergebnisse absolut reproduzierbar sind. Typische Abweichungen bei Wiederholungsmessungen liegen im Bereich von 1 Dezibel, was meistens akzeptabel ist. Sie werden durch Änderungen im Schallfeld selbst oder in der Messapparatur hervorgerufen. Diese Größenordnung der Messunsicherheit kann aber nur erfüllt werden, wenn gewisse Anforderungen an die apparativen Elemente der Messkette gestellt wer-

M. Vorländer (✉)
Institut für Technische Akustik, RWTH Aachen, Aachen, Deutschland
E-Mail: mvo@akustik.rwth-aachen.de

G. Müller, M. Möser (Hrsg.), *Akustische Messtechnik*, Fachwissen Technische Akustik,
DOI 10.1007/978-3-662-55371-8_2

den, und wenn die akustischen Bedingungen genau eingehalten werden, unter denen das verwendete Messverfahren aufgestellt wurde.

Grundsätzlich lässt sich fast jede akustische Messapparatur in einen Sende- und einen Empfangsteil unterteilen. Der Empfangsteil besteht meistens aus einem „Schallpegelmesser" oder „Analysator", der entweder einen Summen-Schallpegel in Dezibel ermittelt und anzeigt oder eine frequenzabhängige Analyse durchführt und ein „Spektrum" oder eine „Impulsantwort" ausgibt. Ebenfalls wichtig sind Messräume und Labor-Apparaturen, welche die Erzeugung verschiedener idealisierter Schallfeldformen erlauben. In diesem Kapitel werden die Elemente von akustischen Messinstrumenten erläutert, ferner die wichtigsten Messgrößen, verschiedene Techniken der Signalverarbeitung und -analyse sowie einige Beispiele.

1.2 Mikrofone und Lautsprecher

Mikrofone sind fast immer Teil einer akustischen Messapparatur. Sie gestatten eine Umsetzung akustischer Größen (normalerweise des Schalldrucks) in elektrische Signale, die dann mit analogen oder digitalen Verfahren angezeigt, gespeichert und ausgewertet werden können. Als Mikrofon im weiteren Sinne könnte man jeden elektromechanischen oder elektroakustischen Schallempfänger bezeichnen; Wasserschallempfänger werden jedoch als Hydrofone und Körperschallempfänger als Schwingungsaufnehmer oder Beschleunigungsaufnehmer bezeichnet.

Mikrofone für Luftschall enthalten eine leicht bewegliche Membran, die von den auftreffenden Schallwellen in Schwingungen versetzt wird. Diese wiederum werden durch eine elektromechanische Kraftfeldwirkung in elektrische Schwingungen gewandelt. Dabei wird im allgemeinen möglichst weitgehende Linearität und Frequenzunabhängigkeit angestrebt.

Welcher Schallfeldgröße das elektrische Ausgangssignal entspricht, hängt von der Art der elektromechanischen Umsetzung, vom mechanischen Verhalten sowie davon ab, ob die Druckschwankungen der Schallwelle nur auf eine oder auf beide Seiten der Membran einwirken. Im ersteren Fall ist die auf die Membran wirkende Kraft dem Schalldruck, im zweiten der Normalkomponente des Schalldruckgradienten proportional.

Die Empfindlichkeit eines Druckmikrofons kennzeichnet man durch die erzeugte Leerlaufspannung, bezogen auf die Schalldruckamplitude am Mikrofon. Jedes in ein Schallfeld eingebrachte Mikrofon verzerrt dieses Feld, und zwar umso mehr, je größer das Mikrofon im Vergleich zur Schallwellenlänge ist. Man unterscheidet demzufolge mehrere Arten der Empfindlichkeit: die Druckkammerempfindlichkeit und die Freifeld- und Diffusfeldempfindlichkeit, wobei sich letztere auf den Schalldruck im unverzerrten Schallfeld beziehen. Die Frequenzgänge von Druck- und Diffusfeldempfindlichkeit differieren nur geringfügig, wohingegen die Freifeldempfindlichkeit bei hohen Frequenzen (>10 kHz) wegen Bündelungseffekten um einige Dezibel höher liegt.

Kondensator-Messmikrofone

Kondensatormikrofone gehorchen dem Prinzip des „elektrostatischen Wandlers", das im folgenden kurz erläutert werden soll. Das Kondensatormikrofon ist ein passiver elektrostatischer Wandler, in welchem ein Plattenkondensator aus einer beweglichen Membran und einer starren Gegenelektrode verwendet wird. Der Zusammenhang zwischen der mechanischen Kraft und der elektrischen Spannung ist zwar zunächst nicht linear, da sich zwei geladene Leiterplatten mit einer Kraft anziehen, die quadratisch mit der Spannung anwächst. Daher wird eine konstante Polarisationsspannung U_0 (typischerweise 200 V) über einen großen Widerstand R (>10 GΩ) an den Kondensator gelegt, die somit eine konstante Ladung erzeugt. Eine durch den Wechsel-Schalldruck verursachte Modulation des Plattenabstandes bewirkt dann eine Kapazitätsänderung und eine (sehr kleine) Wechselspannung U, die sich der Gleichspannung überlagert. Bei nicht zu großen Amplituden ist der Zusammenhang von Schalldruck und Spannung in sehr guter Näherung linear. Dies ist bei den heute verwendeten Mikrofonen bis zu höchsten Schalldruckpegeln (bis etwa 140 dB) hinreichend erfüllt, Abb. 1.

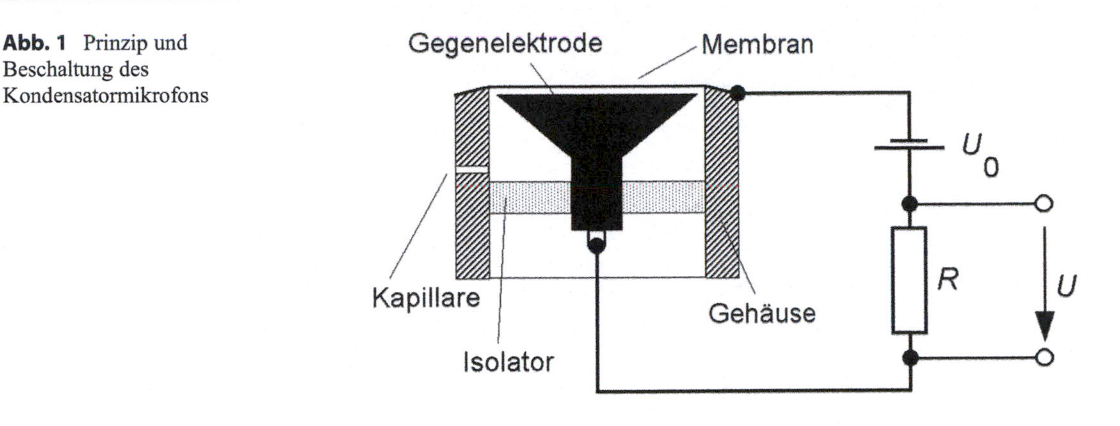

Abb. 1 Prinzip und Beschaltung des Kondensatormikrofons

Die Membran besteht typischerweise aus hochreinem Nickel und ist nur einige wenige µm dick. Ein Gehäusedurchmesser von 1,27 cm (1/2-Zoll) ist typisch für heute benutzte Standard-Messmikrofone. Der Abstand zwischen Membran und Gegenelektrode beträgt etwa 20 µm. Die Kapazität dieser Anordnung beträgt etwa 20–30 pF. Darüber hinaus gibt es Typen mit 1-, 1/4- oder 1/8- Zoll Durchmesser. Andere Abmessungen findet man natürlich bei Studiomikrofonen oder Miniaturmikrofonen. Für alle Bauarten gilt, dass als eigentliches Mikrofon nur die Mikrofonkapsel anzusehen ist. Wegen des sehr hohen Innenwiderstandes der Kondensator-Widerstand-Kombination muss jedoch in unmittelbarer Nähe der Kapsel ein Vorverstärker mit einem sehr hohen Eingangswiderstand (10–100 GΩ) als Impedanzwandler angeordnet werden. Daher wird auch oft die Kapsel-Vorverstärker-Kombination als „Mikrofon“ bezeichnet.

Anhand eines einfachen elektroakustischen Ersatzschaltbildes lässt sich der Übertragungsfaktor eines Kondensatormikrofones in erster Näherung berechnen. Die wesentlichen Elemente lassen sich dabei auf der elektrischen Seite auf den Widerstand und die Kapazität, und auf der mechanischen Seite auf die Nachgiebigkeit der Membraneinspannung und des Luftvolumens hinter der Membran reduzieren, Abb. 2. Eine wichtige Maßnahme bei der Mikrofonkonstruktion ist die Optimierung a) der Nachgiebigkeit und b) der Dämpfung (Reibungsverluste) durch Lochung der Gegenelektrode.

Es ergibt sich im nutzbaren Frequenzbereich (bei 1/2″-Mikrofonen von ca. 2 Hz bis 22 kHz) folgender Zusammenhang zwischen der Leerlauf-Empfangsspannung $U_{I=0}$ und dem Eingangs-Schalldruck p:

$$\frac{U_{I=0}}{p} = nS\frac{U_0}{d} \tag{1}$$

mit: n = gesamte Nachgiebigkeit (Membranspannung und Luftvolumen hinter der Membran), U_0 = Polarisationsspannung, S = Membranfläche und d = Abstand Membran – Gegenelektrode. Der Übertragungsbereich wird nach unten durch eine elektrische und eine mechanische Hochpasswirkung begrenzt, verursacht a) durch den Vorwiderstand R und b) durch Kapillarbohrungen im Gehäuse, die den Ausgleich des statischen Luftdruckes vor und hinter der Membran ausgleichen sollen. Nach oben ist der Übertragungsbereich durch die mechanische Resonanz begrenzt. Die Empfindlichkeit liegt bei Messmikrofonen typischerweise zwischen 10 und 50 mV/Pa, was auch oft in der Form −40 dB bis −26 dB re 1 V/Pa angegeben wird.

Die am einfachsten allgemein beschreibbare Art von Mikrofonen besitzt eine frequenz- und richtungsunabhängige Empfindlichkeit. Man spricht dann auch von einem „Kugelmikrofon“. Als Messmikrofone werden sie in Frequenzbereichen genutzt, in welchen die Mikrofonmembran sehr klein gegenüber der Schallwellenlänge sind.

Für 1/2-Zoll Mikrofone ist diese einfache Betrachtungsweise bis etwa 2 kHz erfüllt. Oberhalb dieser Frequenzgrenze verfälscht Beugung am Mikrofon den Schalldruck. Die Gesamt-Auslenkung der Membran wird durch eine

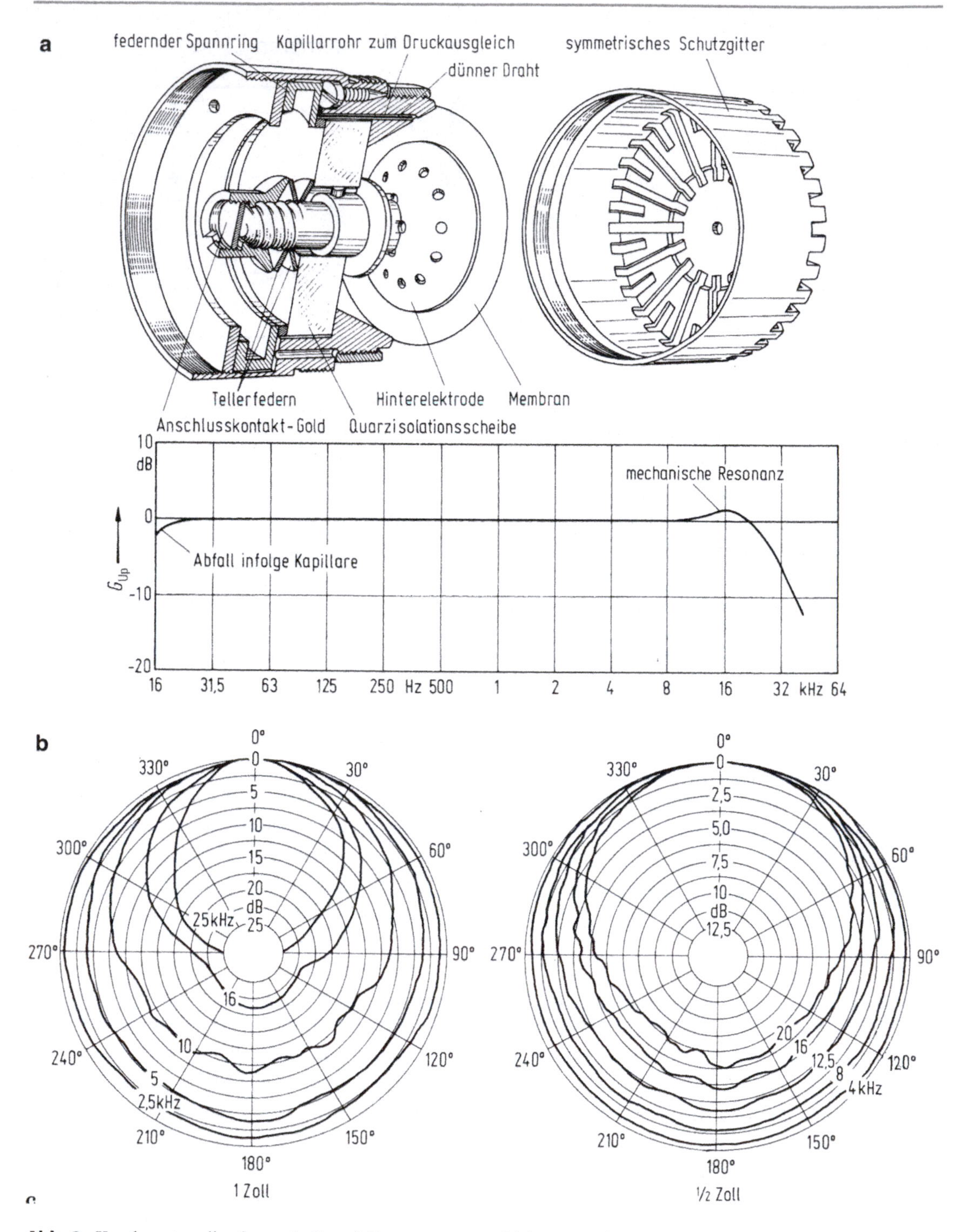

Abb. 2 Kondensatormikrofon. **a** Aufbau; **b** Frequenzgang; **c** Richtungsmaß

Integration über die Membran-Flächenelemente bestimmt, die von der einfallenden Schallwelle mit unterschiedlichen Phasen getroffen werden. Daher kommt es zu winkelabhängigen Empfindlichkeiten, die mit Hilfe einer Richtcharakteristik beschrieben werden können. Dieses Verhalten ist bei Mikrofonkalibrierungen vor allem bei höheren Frequenzen zu berücksichtigen und für die Angabe der Empfindlichkeit muss demnach die Art des Schallfeldes vorausgesetzt werden.

Auf die von außen angelegte Spannung U_0 kann man verzichten, wenn man zwischen die beiden Elektroden ein Dielektrikum mit einer permanenten Polarisation, einen sog. Elektreten bringt, der dann ein dauerndes elektrisches Gleichfeld aufrechterhält. Mit Elektretfolien lassen sich Miniaturmikrofone mit Abmessungen von wenigen Millimetern herstellen, Tab. 1.

Schnellemessung

Zwar ist der Schalldruck in der angewandten Akustik die wichtigere der beiden Schallfeldgrößen. Doch für Untersuchungen der physikalischen Details von Schallfeldern ist die Messung der Schnelle erforderlich, insbesondere für Betrachtungen von Feldimpedanzen, von gekoppelten Schwingungs-Abstrahlungsproblemen (Abstrahlgrade) und, vor allem, für die Messung der Schallintensität (s. Abschn. Intensitätssonden).

Zur Messung der Schnelle kommen Gradientenmikrofone in Frage, des weiteren Kombinationen mehrerer Druckmikrofone (ebenfalls zur Bestimmung des Druckgradienten, auch vektoriell), sowie direkte Schnellesensoren, Abb. 3.

Praxistaugliche direkte Schnellesensoren gibt es in Form von Hitzdraht-Anemometern [3]. Diese Art von Temperatursensoren werden als Platinwiderstände in Form sehr dünner Drähte ausgeführt, die bei einer Betriebstemperatur von 200–400 °C ihre Wärmeenergie an die umgebende Luft abgeben. Bei Vorhandensein einer schallbedingten lokalen Luftströmung ändert sich die Temperaturverteilung asymmetrisch. Verwendet man zwei nah beieinander liegende Drähte, so erzeugt die Temperaturdifferenz eine Widerstands- und Spannungsdifferenz zwischen den Drähten, die auf die

Tab. 1 Technische Daten einiger Mikrofone

Typ	Durchmesser mm	Übertragungsfaktor 10^{-3} V/Pa	Frequenzbereich Hz	Dynamikbereich dB(A) re $2 \cdot 10^{-5}$ Pa
Kondensator 1/8″	3,2	1	6,5...140 k	55...168
Kondensator 1/4″	6,4	4	4...100 k	36...164
Kondensator 1/2″	12,7	12,5	4...100 k	36...164
Kondensator 1″	23,8	50	2,6...18 k	11...146
Dauerpol. 1/2″	12,7	50	4...16 k	15...146
Elektrodyn.	33	2	20...20 k	10...150

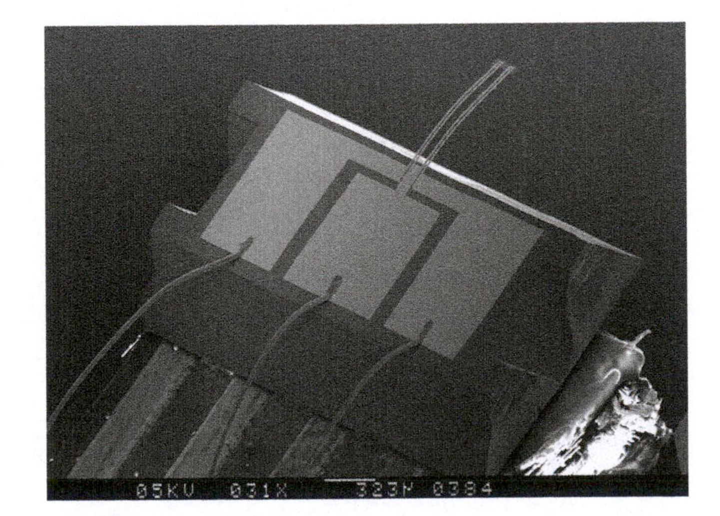

Abb. 3 Rasterelektronenmikroskop-Aufnahme eines Schnellesensors (Microflown [1]) nach dem Prinzip des Hitzdraht-Anemometers. Die Breite der Drähte (aus Aluminium) beträgt 80 µm

Schallschnelle zurückgeführt werden kann. Messbereiche von 100 nm/s bis 0,1 m/s sind erzielbar.

Körperschallaufnehmer

Unter Körperschallaufnehmern versteht man Empfänger zur Messung von Schwingungen fester Körper und Strukturen. Sie sollten fest auf der zu untersuchenden Oberfläche befestigt sein. Im Prinzip stellen sie stets einen mechanischen Resonator dar, bestehend aus einer Masse m, einer Feder mit der Nachgiebigkeit n und einem die unvermeidlichen Schwingungsverluste darstellenden Reibungswiderstand w, Abb. 4.

Sei x die Schwingungsamplitude der Unterlage und x' die Schwingungsamplitude der Masse m, dann besagt das Kräftegleichgewicht

$$m\frac{\mathrm{d}^2x'}{\mathrm{d}t^2} + w\,\frac{\mathrm{d}}{\mathrm{d}t}(x'-x) + \frac{x'-x}{n} = 0 \quad (2)$$

oder, wenn man die Relativamplitude $\xi = x\text{-}x'$ einführt und harmonische Schwingungen voraussetzt:

$$\left(-m\omega^2 + \mathrm{j}\omega w + \frac{1}{n}\right)\,\xi = -m\omega^2 x \quad (3)$$

Diese Gleichung beschreibt ein einfaches mechanisches Resonanzsystem aus Masse, Feder und Verlustwiderstand mit der Resonanz(kreis)frequenz ω_0.

Verwendet man hochabgestimmte Körperschallempfänger, für die

$$\omega_0 = \frac{1}{\sqrt{mn}} >> \omega \quad (4)$$

ist, dann bestimmt die Federnachgiebigkeit die Impedanz des Resonators und es wird einfach

$$\xi = -mn\omega^2 x = -\left(\frac{\omega}{\omega_0}\right)^2 x, \quad (5)$$

d. h. die allein messbare Relativamplitude ξ ist der Beschleunigung $\omega^2 x$ der Unterlage proportional, Abb. 5.

Wesentlich ist das Verhältnis der Massenimpedanz ωm des Beschleunigungsaufnehmers zur Impedanz des Messobjektes. Im Falle kleiner Impedanzen, d. h. leichter oder weicher Bauteile sind klare Grenzen in der Masse und dessen Befestigung des Aufnehmers zu beachten. Die maximal zulässige Aufnehmermasse M kann immerhin abgeschätzt werden durch

$$M < 0,36\sqrt{10^{\Delta L/10} - 1}\;\; \rho c_L h^2/f \quad (6)$$

wobei c_L, ρ und h Longitudinalwellenschwindigkeit, Dichte und Dicke des Messobjektes und ΔL der zulässige Pegelfehler sind. Je nach Art der Ankopplung muss man die Verbindung

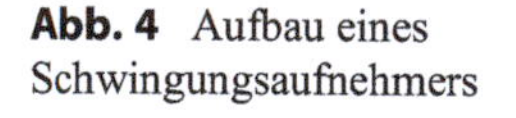
Abb. 4 Aufbau eines Schwingungsaufnehmers

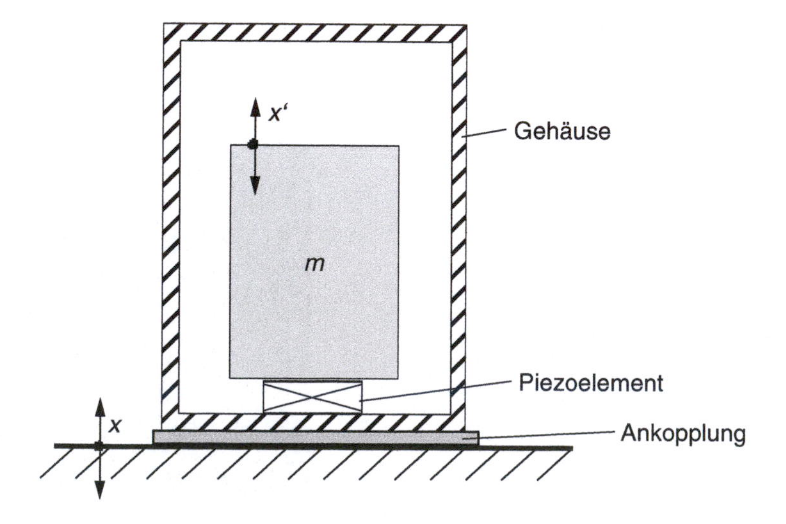

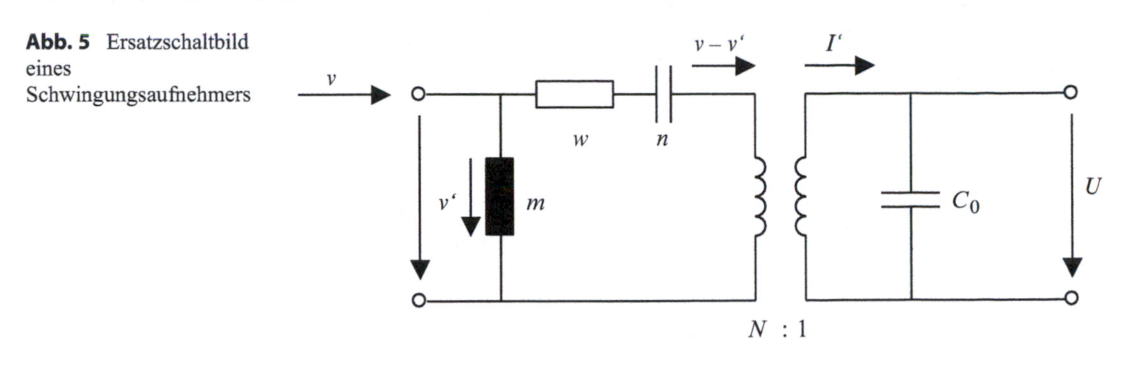

Abb. 5 Ersatzschaltbild eines Schwingungsaufnehmers

von Aufnehmer und der Messoberfläche als ein weiteres Federelement auffassen. Messungen bei hohen Frequenzen erfordern eine sehr steife Verbindung, evtl. durch Verschraubung. Sofern man nur an tiefen Frequenzen interessiert ist, genügen Verbindungen mit Klebwachs oder mit Taststiften.

Die Auslenkungen und damit die Beschleunigungen von schwingenden Oberflächen können extrem unterschiedlich sein, beispielsweise bei einem dünnen Verkleidungs- oder Karosserieblech im Vergleich zu einer Massivwand in Gebäuden. Die Empfindlichkeiten, die Massen, die Ankopplungsarten und die interessierenden Frequenzbereiche sind daher auf den Einzelfall anzupassen, was allerdings angesichts einer breiten Palette der angebotenen Beschleunigungsaufnehmer kein Problem darstellt.

Eine besonders elegante, allerdings apparativ aufwendige Methode besteht in der Verwendung optischer Verfahren, z. B. von Laser-Vibrometern. Laser-Doppler-Vibrometer beruhen auf dem Prinzip des Mach-Zender-Interferometer, bei welchem nicht nur die Interferenzerscheinungen, sondern auch der Doppler-Effekt ausgewertet werden. Somit lassen sich extrem kleine Abstände sehr genau messen. Wird ein Laserstrahl an einem bewegten Objekt gestreut, so ist die Reflexion gegenüber dem einfallenden Strahl in der Phase und in der Frequenz verschoben. Das Problem ist nun, die im Vergleich zur Frequenz des Laserlichtes geringe Frequenzverschiebung zu messen. Ein Referenzstrahl wird auf elektrischem Wege mit dem durch das Messobjekt in der Frequenz verschobenen Signalstrahl überlagert und mit einem Fotodetektor gemessen. Es ist somit prinzipiell möglich, Schwingungsamplituden aufzulösen, die kleiner sind als die Wellenlänge des verwendeten Lichtes. Beispielsweise ist es gelungen, mit dieser Methode die Schwingungen von Mikrofonmembranen oder des Trommelfells zu messen, obwohl die Auslenkungsamplituden nur Bruchteile von Nanometern betragen.

Kalibrierung von Mikrofonen

In der Alltagspraxis ist das übliche Verfahren zur Kalibrierung der Messkette die Verwendung von sog. „Pistonfonen“ oder Schallkalibratoren (s.u., Abschn. Schallkalibratoren). Fast jeder, der in der schalltechnischen Praxis mit einem Messmikrofon arbeiten möchte, wird zunächst einen Schallkalibrator benutzen, und sei es nur, um festzustellen, dass das Mikrofon in Ordnung ist. Um dies ohne Bedenken tun zu können, muss der Benutzer sicher davon ausgehen können, dass der Kalibrator seinen Zweck erfüllt. Dazu bedarf es seitens des Messgeräteherstellers weiterer Vorkehrungen bzw. Absicherungen gegen Messfehler, die in Zusammenarbeit mit den Eichämtern und letztlich mit der Physikalisch-Technischen Bundesanstalt getroffen werden müssen. Man spricht man dann von einer „Rückführung auf ein Primärnormal“ und, noch weitergehend, von einer absoluten Primärkalibrierung.

Die Kalibrierung eines elektroakustischen Schallempfängers kann grundsätzlich auf vier Arten erfolgen: 1. durch Vergleich mit einer berechenbaren mechanischen (oder optischen) Wirkung des Schallfeldes, 2. indem man den Empfänger einem berechenbaren Schallfeld aussetzt (siehe Abschn. Schallkalibratoren), 3. durch Vergleich mit einem Referenzmikrofon (siehe Abschn. Vergleichsverfahren) oder 4. durch Ausnutzung der Reziprozitätsbeziehungen (siehe Abschn. Reziprozitätskalibrierung).

Darüber hinaus gibt es ein sehr einfaches Verfahren zur relativen Kalibrierung und zur Produktionskontrolle, nämlich das „Eichgitter"-Verfahren. Ein Eichgitter ist eine Platte mit einem Adapterring, welche von vorne auf einem Mikrofon (ohne Schutzgitter) befestigt wird und bei Anlegen einer Wechselspannung die Membran durch eine quasi-elektrostatische Kraft anregt. Die am Mikrofonausgang gemessene Empfangsspannung ist ungefähr gleich derjenigen Spannung (bis auf einen konstanten Faktor), die bei Beschallung in einer Druckkammer auftreten würde, entspricht also in guter Näherung dem „Druckkammer-Übertragungsfaktor" (s.u.).

Schallkalibratoren

Ein berechenbares Schallfeld lässt sich am leichtesten in einer schallharten Kammer („Druckkammer") herstellen, in der ein Kolben mit bekannter Amplitude schwingt (Schallkalibrator, Pistonfon), Abb. 6. Bei einer Auslenkungsamplitude $\hat{\xi}$ erzeugt er in der Kammer die Druckamplitude

$$\hat{p} = \frac{\rho_0 c^2}{V_0} S\hat{\xi} \tag{7}$$

Dabei ist vorausgesetzt, dass alle Abmessungen klein im Vergleich zur jeweiligen Wellenlänge sind und dass die Kammerwände völlig schallhart sind. V_0 ist das Kammervolumen und S die Kolbenfläche. Damit ergibt sich die Mikrofonempfindlichkeit zu

$$M = \frac{\hat{U}}{\hat{p}} = \frac{V_0}{\rho_0 c^2 S} \cdot \frac{\hat{U}}{\hat{\xi}} \tag{8}$$

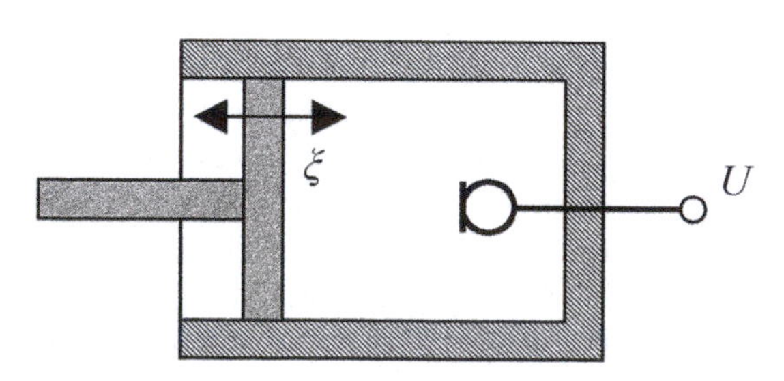

Abb. 6 Prinzip des Pistonfons

Vergleichsverfahren

Vergleichsverfahren sind meistens sehr einfach in der Durchführung. Man beschallt nacheinander ein Referenzmikrofon und das zu prüfende Mikrofon und erhält unmittelbar die Differenz der beiden Übertragungsmaße. Mit Kenntnis des absoluten Übertragungsfaktors des Referenzmikrofones kann man leicht das gewünschte Ergebnis erhalten. Man muss also ein Referenzmikrofon oder „Normalmikrofon" zur Verfügung haben, welches mit einem Präzisionsverfahren absolut kalibriert wurde oder welches über die Weitergabe der Schalldruckeinheit mittelbar an ein Primärnormal angeschlossen wurde. Vergleichsverfahren werden meistens von Eichbehörden angewandt, die Schallpegelmesser und Messmikrofone für Prüfinstitute oder andere Stellen eichen. Diese Messungen beziehen sich auf Schallfelder in Druckkammern (z. B. für Kopfhörer-Kuppler zur Eichung von Audiometern) oder auf das freie Schallfeld für Eichungen von Schallpegelmessern für den Immissionsschutz und den baulichen Schallschutz. Die Messnormalien der Eichbehörden werden in der Physikalisch-Technischen Bundesanstalt mit Vergleichsverfahren kalibriert oder an das nationale Primärnormal angeschlossen. Das nationale Referenzmikrofon allerdings kann nur mit einem Primärverfahren wie dem Reziprozitätsverfahren kalibriert werden.

Reziprozitätskalibrierung

Das genaueste, vielseitigste und zuverlässigste Kalibrierverfahren ist das *Reziprozitätsverfahren*. Es wird in mehreren Stufen ausgeführt. Grundlage der Reziprozitätskalibrierung ist die Umkehrbarkeit des Wandlerprinzips, wobei die Reziprozitätsbeziehungen für elektroakustische Vierpole zugrundegelegt werden. Dies gilt insbesondere für den elektrostatischen und den elektrodynamischen Wandler.

$$\begin{aligned} \left(\frac{p}{I}\right)_{Q=0} &= \left(\frac{U}{Q}\right)_{I=0} \\ \left(\frac{U}{p}\right)_{I=0} &= -\left(\frac{Q}{I}\right)_{p=0} \end{aligned} \tag{9}$$

Q = Volumenschnelle oder „Schallfluss" in m³/s. Besonders wichtig ist die zweite Gleichung, welche die Übertragungsfaktoren des Mikrofons im Sende und Empfangsfall verknüpft (alle Größen sind im allgemeinen frequenzabhängig und komplex, z. B. $U = \underline{U}(f)$):

$$M = \frac{U_{I=0}}{p} = -\frac{Q_{p=0}}{I} \qquad (10)$$

Man beachte jedoch, dass die Empfangsempfindlichkeit (Übertragungsfaktor M) für den Schallsender nicht in gleicher Weise definiert ist wie die sog. Sendeempfindlichkeit. Diese bezieht sich nicht auf die Volumenschnelle der Membran, sondern auf den Schalldruck im Fernfeld und enthält daher die funktionalen Zusammenhänge der Abstrahlung (Green'sche Funktion), Abb. 7.

Eine weitere Grundgröße der Reziprozitätskalibrierung ist die elektrische Transferimpedanz Z_{ij} eines aus zwei Mikrofonen (i und j) und einer akustischen Strecke bestehenden Systems. Dabei werden das Mikrofon i als Sender und das Mikrofon j als Empfänger betrieben. U_j ist die Leerlauf-Empfangsspannung und I_i der Sendestrom. Definitionsgemäß ist

$$Z_{ij} = \frac{U_j}{I_i} \qquad (11)$$

Die elektrische Transferimpedanz lässt sich durch die zwei Übertragungsfaktoren M_i und M_j, die ja unabhängig von der Betriebsrichtung sind, sowie durch die akustische Transferimpedanz Z_{ak} ausdrücken. Es gilt dann

$$Z_{ij} = \frac{U_j}{I_i} = M_i \cdot Z_{ak} \cdot M_j \qquad (12)$$

Mit Hilfe dieser Gleichung lässt sich also aus einer Messung der elektrischen Transferimpedanz das Produkt zweier Übertragungsfaktoren bestimmen, wenn die akustische Transferimpedanz (Green'sche Funktion) bekannt ist. Sie enthält zwei Unbekannte (M_i und M_j). Zwei Messungen unter Vertauschung von Sender und Empfänger, d. h. zwei Lösungen der Gl. 11 sind aufgrund der Reziprozität $Z_{ij} = Z_{ji}$ redundant. Falls aber Messungen an drei Mikrofonen i, j und k jeweils paarweise durchgeführt werden, können die drei gesuchten Mikrofon-Übertragungsfaktoren M_i, M_j und M_k gewonnen werden mittels:

$$M_i = \sqrt{\frac{1}{Z_{ak}} \frac{Z_{ij} Z_{ik}}{Z_{jk}}} \qquad (13)$$

sowie aus zwei weiteren Gleichungen mit zyklischer Vertauschung von i, j, k.

Für Freifeld- und Diffusfeldbedingungen ist die akustische Transferimpedanz leicht berechenbar, aber die Signal-Rauschverhältnisse sind aufgrund der sehr kleinen Sendepegel ungünstig und verursachen große Schwierigkeiten. Die genaueste aller akustischen Messungen überhaupt ist die Druckkammer-Reziprozitätskalibrierung.

Die Druckkammer sei als klein gegenüber der Wellenlänge angenommen. In dieser einfachen Betrachtungsweise verhält sich das geschlossene Luftvolumen V_0 der Kammer akustisch wie eine Feder:

$$Z_{ak|Druckkammer} = \frac{\kappa p_0}{j\omega V_0} \qquad (14)$$

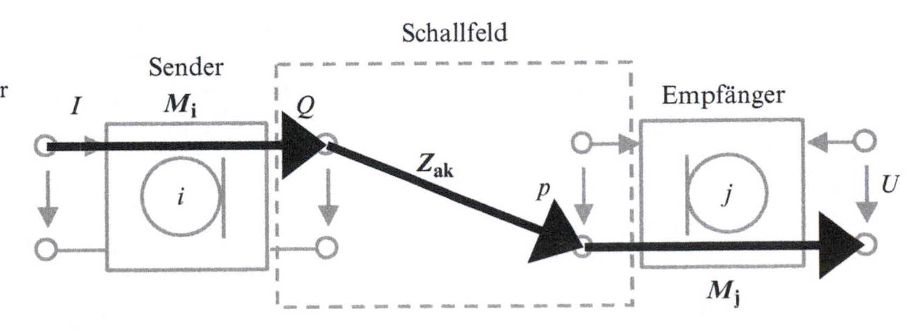

Abb. 7 Ersatzschaltung aus elektrischen und akustischen Vierpolen einer Kopplung zweier Mikrofone bei der Reziprozitätskalibrierung und Definition der Transferimpedanz: $Z_{ij} = M_i \cdot Z_{ak} \cdot M_j$

Weiterhin gibt es bei Präzisionsmessungen zahlreiche thermodynamische Korrekturgrößen sowie Erweiterungen der Gl. 14 hinsichtlich der äquivalenten Volumina der Mikrofonmembranen und höherer Moden ebener Wellen in zylindrischen Druckkammern, die dann als Wellenleiter aufgefasst werden.

Intensitätssonden

Die Schallintensität ist eine wichtige Größe zur Beurteilung und Lokalisation von Schallquellen und Schallabsorbern und zur Erfassung physikalischer Schallfeldparameter. Sie kann Aufschluss über den vorliegenden Wellentyp geben sowie über Art und Weise des Energieflusses. Darüber hinaus kann sie zur Bestimmung der Schallleistung von Quellen dienen, wenn die Intensität über eine geschlossene Fläche um die Quelle integriert wird.

Intensitätssonden müssen sowohl eine Messung des Schalldruckes p als auch der Schallschnelle v erlauben. Das erreicht man entweder in Form einer „pu-Sonde" durch ein Kondensatormikrofon (p) gekoppelt mit einem Schnellesensor (v) nach dem Ultraschall-Doppler-Prinzip (z. B. [4]) oder mit einem Strömungssensor (siieche Abschn. Schnellemessung). Viel gebräuchlicher in der Praxis ist allerdings eine sog. „pp-Sonde", die aus zwei Druck-Kondensator-Mikrofonen besteht. Diese werden entweder gegenüber (face-to-face) oder nebeneinander (side-by-side) angeordnet. Der durch die Sonde ermittelte Schalldruck ist einfach

$$p(t) = \frac{p_1(t) + p_2(t)}{2} \tag{15}$$

Zur Bestimmung der Schallschnelle ersetzt man in der Kräftegleichung

$$\mathrm{grad}p + \rho \frac{\partial v}{\partial t} = 0 \tag{16}$$

den Differentialquotienten durch den Differenzenquotienten (in x-Richtung)

$$\frac{\Delta p}{\Delta x} + \rho \frac{\Delta v}{\Delta t} = 0 \tag{17}$$

und kann somit die Komponente der Schallschnelle in x-Richtung ausdrücken durch

$$v(t) = -\frac{1}{\rho} \int_{-\infty}^{t} \frac{p_2(\tau) - p_1(\tau)}{\Delta x} \, \mathrm{d}\tau \tag{18}$$

Daraus ergibt sich für die Komponente der Wirk-Schallintensität (in Richtung des Druck-Gradienten):

$$\begin{aligned} I_r &= \overline{p(t)v(t)} \\ &= \frac{1}{2\rho \Delta x} \frac{1}{T} \int_0^T [p_1(t) + p_2(t)] \int_0^t [p_1(\tau) - p_2(\tau)] \mathrm{d}\tau \mathrm{d}t \end{aligned} \tag{19}$$

mit $T =$ Mittelungsdauer (siehe Abschn. 1.3). Der gleiche Sachverhalt lässt sich durch Fouriertransformation in den Frequenzbereich auch mit Hilfe des Imaginärteiles ($\mathcal{J}$) des Kreuzleistungsspektrums G_{12} ausdrücken:

$$I_r = -\frac{1}{\omega \rho \Delta x} \mathcal{J}\{G_{12}(f)\} \tag{20}$$

Die Bestimmung der Schallschnelle mit Schnellesensor oder mit einem Mikrofonpaar erfasst zunächst lediglich eine Richtungskomponente (Normalrichtung der Intensitätssonde). Falls auch die Richtung der Intensität ermittelt werden soll, bieten sich räumliche Intensitätssonden an, z. B. in Form einer Anordnung aus mehreren Mikrofonpaaren, die orthogonal zueinander stehen oder Multimikrofonanordnungen in regelmäßigen Polyedern [5].

Jedoch gilt hier wie bei Intensitätssonden generell, dass komplexere Sonden meistens größere Fehler hinsichtlich der Ortsauflösung und des Bezuges auf das akustische Zentrum haben, da Druck und Schnelle prinzipbedingt nicht an demselben Punkt gemessen werden können. Konstruktion und Kalibrierung von Schallintensitätssonden sind besonders sorgfältig durchzuführen, da die relativen Empfindlichkeits- oder

Phasenfehler der Wandler oder Wandlerpaare unmittelbar in den Druckgradienten oder in G_{12} und damit in das Messergebnis eingehen.

Beispielsweise ein rein reaktives Schallfeld bietet eine Möglichkeit zur Beurteilung der Qualität von Intensitätssonden, denn der Energietransport und damit die Wirk-Intensität sollte den Wert Null besitzen. Dies trifft z. B. auf eine stehende Welle zu. Bedingt durch die relative Phasenverschiebung von Druck und Schnelle um $\pi/2$ ist die instantane Intensität $p(t) \cdot v(t)$ proportional zu $\sin(\omega t) \cdot \cos(\omega t) \propto \sin(2\omega t)$, also im zeitlichen Mittel über eine Periode gleich Null. An diesem Beispiel wird jedoch deutlich, dass die Phase zwischen Druck und Schnelle sehr präzise bestimmt werden muss. Die relative Phase resultiert letztlich aus der Differenzmessung in der pp-Sonde oder in der Phasendifferenz zwischen Druckmikrofon und Schnellesensor, weswegen hohe Ansprüche an die Mikrofonpaare und an die analogen Eingangsstufen, evtl. auch an die Eingangsfilter des Analysators gestellt werden müssen. Phasenfehler treten bei pp-Sonden besonders dann in Erscheinung, wenn der Druckgradient sehr klein ist, der Mikrofonabstand also im Vergleich zur Wellenlänge zu klein ist. Zur Kontrolle der Intensitätssonden und des Analysators (typischerweise ein Echtzeitanalysator, welcher zur Lösung Gl. 19 oder 20 verwendet wird) stehen spezielle Kalibratoren und ein Satz von Feld-Indikatoren zur Verfügung [6], die u. a. Aufschluss über die kleinste messbare Schallintensität (apparativ bedingte residuale Intensität) geben.

Lautsprecher

Der klassische Messlautsprecher basiert auf dem Prinzip des dynamischen Lautsprechers. Ein dynamischer Lautsprecher besteht aus einer trichterförmigen Membran, deren Zentrum mit einer zylindrischen „Schwingspule" verbunden ist, Abb. 8. Diese taucht in den Ringspalt eines Topfmagneten ein, in dem ein radiales, möglichst homogenes Magnetfeld mit einer Induktionsflussdichte von einigen Vs/m^2 herrscht und der aus einem hartmagnetischen Ferrit oder aus Alnico hergestellt ist. Der (Ohm'sche) Widerstand der Schwingspule beträgt einige Ohm; bei höheren Frequenzen macht sich auch ihre Induktivität bemerkbar. Sie kann durch einen im Luftspalt fest

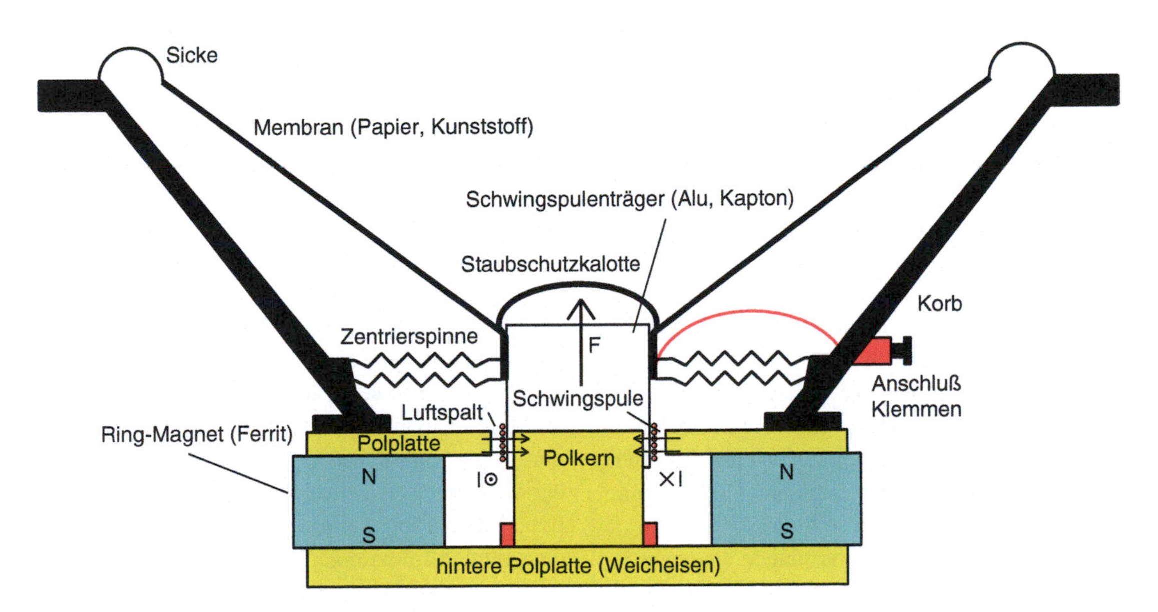

Abb. 8 Der elektrodynamische Lautsprecher

eingebauten Kupferring reduziert werden, der gleichzeitig die mechanische Resonanz dämpft.

Die beweglichen Teile des Lautsprechers (Membran, Schwingspule) müssen federnd gelagert sein. Das geschieht durch die im Schwingspulenbereich angebrachte Zentrierspinne oder Zentriermembran sowie durch die weiche Einspannung der Membran an ihrem äußeren Rand. Die Membran wird oft aus einem Material hoher innerer Dämpfung und geringer Dichte hergestellt, um die bei höheren Frequenzen auftretenden Biegeresonanzen zu unterdrücken. Das traditionelle Material ist Papier, doch werden mitunter auch Kunststoffe oder Leichtmetalle verwendet.

Das Einschwingverhalten des dynamischen Lautsprechers ist wegen der relativ großen Masse der bewegten Teile und der Systemresonanz nicht allzu gut und begrenzt daher die Möglichkeit zur Erzeugung kurzer Impulse (Messtechnik!). Es kann durch eine geeignete Bedämpfung (niedriger Innenwiderstand des Verstärkers) verbessert werden. Jedoch bieten die heutigen Methoden der digitalen Signalverarbeitung die Möglichkeit, in einem weiten Frequenzbereich praktisch alle linearen Verzerrungen des Lautsprechers durch inverse Filterung zu beseitigen. Gerade wegen der sehr mächtigen Werkzeuge und Hardware der digitalen Entzerrung ist der größte Augenmerk bei der Lautsprecherentwicklung auf eine optimale Abstrahlcharakteristik zu richten.

Die nichtlinearen Verzerrungen des dynamischen Lautsprechers entstehen im wesentlichen durch die nichtlineare Steifigkeit der Membranaufhängung und durch Inhomogenitäten des Magnetfeldes sowie durch den Dopplereffekt. Da sie verhältnismäßig gering sind, ist der dynamische Lautsprecher heute der am weitesten verbreitete Lautsprechertyp.

Zur Verbesserung der Schallabstrahlung bei tiefen Frequenzen baut man Lautsprecher in geschlossene Gehäuse ein, was eine Erhöhung der Systemresonanz zur Folge hat. Die Systemresonanz begrenzt den Übertragungsbereich zu tiefen Frequenzen. Wichtig ist daher eine Abstimmung des Gehäusevolumens auf den verwendeten Lautsprechertyp. Das Richtverhalten und Abstandsverhalten kann in guter Näherung aus der Abstrahlung einer Kolbenmembran in einer großen Schallwand abgeleitet werden und auch für Lautsprecherboxen angewendet werden. Jedoch wirkt die Beugung von Schall an den Kanten des Gehäuses als zusätzlicher verzerrender Faktor für den Schalldruck im Fernfeld.

Spezielle Messlautsprecher

Bei vielen akustischen Messungen möchte man entweder eine ebene Welle gut annähern oder eine spezielle Form der Schallabstrahlung simulieren. Ebene Wellen sind mit herkömmlichen Lautsprecherboxen näherungsweise erzielbar, geht man nur genügend weit ins Fernfeld und betrachtet lediglich einen kleinen Raumbereich um die Mittelachse. Viel besser gelingt dies allerdings a) bei kleinen Membranflächen S, da der Fernfeldabstand

$$r_F \approx \frac{S}{\lambda} = \frac{Sf}{c} \tag{21}$$

sehr klein ist und b) bei Koaxial-Lautsprechern, deren Systeme eine gemeinsame Achse einnehmen. Derartige Systeme bündeln den Schall zwar prinzipbedingt, jedoch ist die Wellenfront aufgrund der Symmetrie näherungsweise eben und innerhalb der Hauptabstrahlrichtung im Pegel etwa konstant (zahlreiche Messnormen gehen von quasi ebenen Wellen, wobei p und v in Phase sind, ab einem Abstand von 2 m aus).

Spezielle Richtwirkungen sind bei der Nachbildung von Sängern oder Sprechern notwendig, z. B. bei der Messung von Sprechgarnituren, Kommunikationseinrichtungen oder Lavalier-Mikrofonen (Ansteckmikrofonen). Hier bieten sich Lautsprecher an, die den Schall aus einer Mundöffnung über einen Beugungskörper abstrahlen, der dem menschlichen Körper nachgebildet ist (künstlicher Sprecher, künstlicher Sänger).

Möchte man explizit keine Bündelung, sondern eine möglichst ungerichtete Abstrahlung erzielen, müssen ebenfalls besondere konstruktive Maßnahmen ergriffen werden. Falls die gesamten Abmessungen des Lautsprechers nicht mehr klein im Vergleich zur Wellenlänge sind, kann eine richtungsunabhängige Abstrahlung immerhin näherungsweise durch spezielle Kugel-Symmetrien erreicht werden. Dazu bieten sich

Abb. 9 Dodekaeder-Messlautsprecher

Gehäuseformen basierend auf regelmäßigen Polyedern an (Tetraeder, Würfel, Dodekaeder, Ikosaeder mit entsprechend 4, 6, 12 oder 20 Lautsprechern), wobei die Dodekaeder am weitesten verbreitet sind, Abb. 9.

Die Darstellung von monofrequenten Richtcharakteristiken von Dodekaedern in Form von Richtdiagrammen ist allerdings schwierig zu interpretieren, da die messtechnischen Anwendungen eher breitbandige Signale erfordern. Daher ist es sinnvoll, dreidimensionale Darstellungen des richtungsabhängig abgestrahlten Schalldruckpegels als gemitteltes Frequenzspektrum zu verwenden, Abb. 10.

1.3 Schallpegel-Messung und -Bewertung

Grundsätzlich lässt sich fast jede akustische Messapparatur in einen Sende- und einen Empfangsteil unterteilen. Der Empfangsteil besteht meistens aus einem „*Schallpegelmesser*" oder „Analysator", der entweder einen Summen-Schallpegel in Dezibel ermittelt und anzeigt oder der eine frequenzabhängige Analyse durchführt und ein „Spektrum" ausgibt.

Die hier zu betrachtende Grundgröße ist der Schalldruckpegel (siehe Kap. Grundlagen der Technischen Akustik)

$$L = 20\log\left(\frac{\tilde{p}}{p_0}\right); \qquad p_0 = 2 \cdot 10^{-5}\ \mathrm{N/m^2} \quad (22)$$

$\tilde{p}$ ist der über eine bestimmte Mittelungsdauer T_m nach

$$\tilde{p} = \sqrt{\frac{1}{T_\mathrm{m}}\int_0^{T_\mathrm{m}} p^2(t)\mathrm{d}t} \quad (23)$$

gebildete Effektivwert eines Schalldruck-Zeitverlaufs $p(t)$, z. B.

$$p(t) = \hat{p}\sin\omega t, \qquad \tilde{p} = \frac{\hat{p}}{\sqrt{2}} \quad (24)$$

Entsprechend des Bildungsgesetzes des Effektivwertes findet man im englischen Sprachgebrauch auch die Bezeichnung „r m s" = root (mean (square)).

Zeitkonstanten

Da nicht allgemein von periodischen Signalen und eindeutig zu definierender Mittelungsdauer ausgegangen werden kann, müssen spezielle Zeitkonstanten gewählt werden. Die Dauer der Mittelwertbildung T_m hängt entscheidend davon ab, ob das Zeitsignal $p(t)$ eher impulshaltig oder eher stationär ist. Man hat in internationalen Normen vereinbart, dass die Zeitkonstanten 125 ms (= „FAST") oder 1 s (= „SLOW") verwendet werden sollen. SLOW hat den Vorteil, dass die Schallpegelanzeige nicht schnell schwankt und daher leicht abzulesen ist. Allerdings werden eventuell zu messende Impulsspitzen stark geglättet. Neben FAST und SLOW gibt es noch andere (auch unsymmetrische) Zeitbewertungen, Abb. 11.

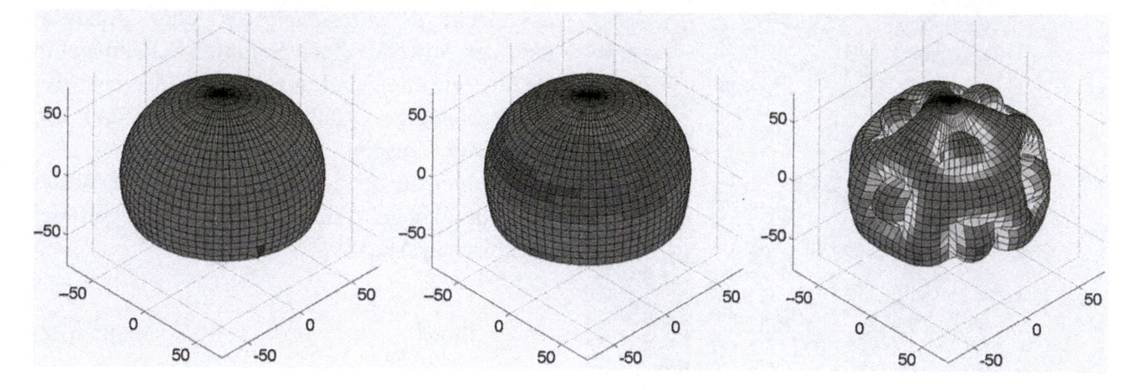

Abb. 10 Richtmaß eines Dodekaeder-Messlautsprechers. Terzanalyse bei Mittenfrequenzen 100 Hz, 1 kHz und 10 kHz (von links nach rechts)

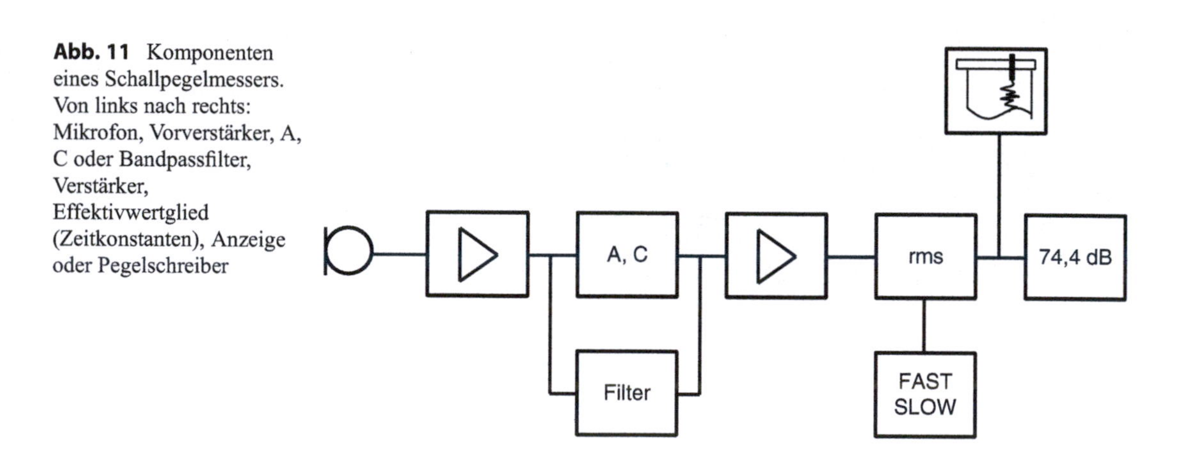

Abb. 11 Komponenten eines Schallpegelmessers. Von links nach rechts: Mikrofon, Vorverstärker, A, C oder Bandpassfilter, Verstärker, Effektivwertglied (Zeitkonstanten), Anzeige oder Pegelschreiber

Wichtig ist ferner eine Größe, die es erlaubt, eine Art „Schalldosis" zu bestimmen, den sog. äquivalenten Dauerschallpegel L_{eq}. Die Mittelungszeit kann in diesem Falle einige Sekunden, aber auch einige Stunden betragen, um die insgesamt einwirkende Schallenergie zu beschreiben. Dies wird bei Lärmbelastungen in der Arbeitswelt (8 Stunden) oder im Immissionsschutz angewendet (über Tag- und Nachtperioden).

Frequenzbewertung

Eine zweite wesentliche Bewertung ist die Frequenzbewertung. Hierbei wird versucht, der Tatsache Rechnung zu tragen, dass das menschliche Gehör nicht bei allen Frequenzen gleich empfindlich ist. Historisch hat sich die sog. A-Bewertung mit der Angabe des dB(A) durchgesetzt, Tab. 2. Diese bedeutet, dass im Schallpegelmesser ein spezielles, genormtes Bandpassfilter eingeschleift wird, welches die Frequenzkurve gleicher subjektiver Lautheit L_N bei etwa 20 phon nachbilden soll.

Die verwendeten Filter sind allerdings stark vereinfacht, um sie mit einfachen Mitteln realisieren zu können. Auch B- und C-Bewertungen sind in Gebrauch. Sie sollen die Kurven gleicher Lautheit im „lauteren" Bereich der Hörfläche nachbilden. Die Wahl der Zeit- und Frequenzbewertung wird bei jeder Art der Schallmessung speziell gehandhabt. Eine genaue Bezeichnung in Form von Indices am Schalldruckpegel muss daher beachtet werden, z. B. L_{AF}, $L_{A,eq}$ oder L_{CS}.

Präzisionsklassen

Die für die Messung absoluter Schalldruckpegel verwendbaren Schallpegelmesser müssen zahlreiche Anforderungen erfüllen. Dies wird vor Einführung des Messinstrumentes in der Praxis in einer Bauartprüfung oder Bauartzulassung über-

Tab. 2 Tabelle der Normfrequenzen und der A-Bewertung

Nennfrequenz in Hz	Exakte Frequenz (Basis 10) in Hz	A-Bewertung
10	10,00	−70,4
12,5	12,59	−63,4
16	15,85	−56,7
20	19,95	−50,5
25	25,12	−44,7
31,5	31,62	−39,4
40	39,81	−34,6
50	50,12	−30,2
63	63,10	−26,2
80	79,43	−22,5
100	100,0	−19,1
125	125,9	−16,1
160	158,5	−13,4
200	199,5	−10,9
250	251,2	−8,6
315	316,2	−6,6
400	398,1	−4,8
500	501,2	−3,2
630	631,0	−1,9
800	794,3	−0,8
1000	1000	0,0
1250	1259	+0,6
1600	1585	+1,0
2000	1995	+1,2
2500	2512	+1,3
3150	3162	+1,2
4000	3981	+1,0
5000	5012	+0,5
6300	6310	−0,1
8000	7943	−1,1
10 000	10 000	−2,5
12 500	12 590	−4,3
16 000	15850	−6,6
20 000	19950	−9,3

prüft. Dabei werden sowohl akustische als auch elektrische Prüfungen am Gerät durchgeführt (international nach der Norm IEC 651). Ziel dieser Geräteüberwachung ist eine jederzeit richtige und verlässliche Anzeige des Schallpegels, unabhängig von Umgebungsbedingungen wie Temperatur oder Feuchte, und die genaue Beschreibung der Handhabung im Schallfeld (Richtcharakteristik, Kalibrierung mit Pistonfon etc.). Die elektrische Prüfung beinhaltet unter anderem eine

Tab. 3 Präzisionsklassen für Schallpegelmesser

Klasse	Anwendung	Fehlergrenze
0	Laboratorium, Bezugsnormal	±0,4 dB
1	Laboratorium, Felduntersuchung	±0,7 dB
2	allgemeine Felduntersuchung	±1,0 dB
3	Orientierungsmessung	±1,5 dB

Anregung des Effektivwert-Detektors mit verschiedenen Signalformen, um die korrekte Implementierung der Zeit- und der Frequenzbewertung zu überprüfen.

Je nach Ergebnis dieser Geräteprüfung wird der Schallpegelmesser in Klasse 0, 1, 2 oder 3 eingestuft (s. Tab. 3).

Bandpassfilter

Eine modernere, aber auch wesentlich aufwendigere Art der Schallpegelmessung ist die Analyse in Frequenzbändern (typischerweise Terz- oder Oktavbänder). Ein herkömmlicher Schallpegelmesser kann mittels eines Bandpassfilters ergänzt werden, um den Schalldruckpegel in einem bestimmten Frequenzband zu ermitteln. Falls das Schallereignis nicht stationär ist, müssen jedoch die Bandfilter gleichzeitig und parallel arbeiten. Dies geschieht in einem *Echtzeit-Frequenzanalysator*, Abb. 12.

Terzfilter sind auf einer logarithmischen Frequenzachse folgendermaßen definiert (hier exemplarisch für die Basis 2):

$$\begin{aligned} f_o &= 2^{1/3} \cdot f_u \\ \Delta f &= f_o - f_u = f_u\left(2^{1/3} - 1\right) \\ f_m &= \sqrt{f_u \cdot f_o} \\ f_{m+1} &= 2^{1/3} f_m \end{aligned} \tag{25}$$

Mit f_u und f_o als untere und obere Eckfrequenz und f_m, f_{m+1} Mittenfrequenzen der Bänder m und $m + 1$.

Für Oktavfilter gilt entsprechend:

$$\begin{aligned} f_o &= 2 f_u \\ \Delta f &= f_o - f_u = f_u \\ f_m &= \sqrt{f_u \cdot f_o} = \sqrt{2} f_u \\ f_{m+1} &= f_m \cdot 2 \end{aligned} \tag{26}$$

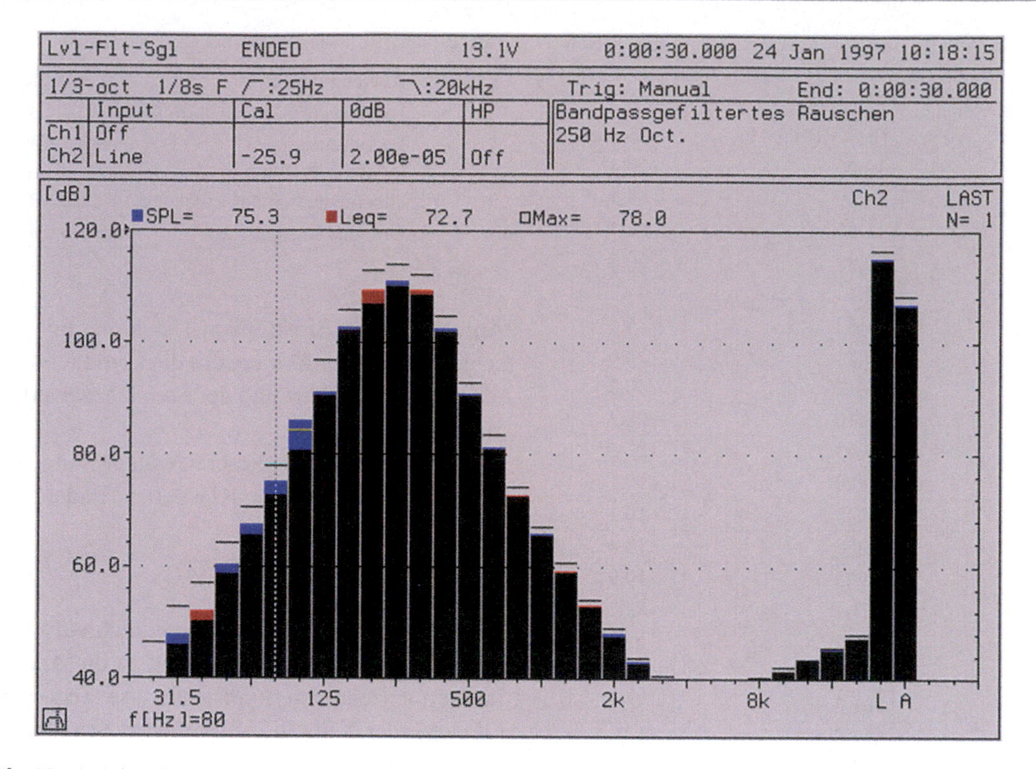

Abb. 12 Anzeige eines Echtzeit-Terzanalysators

Wurden früher Terz- und Oktavfilter analog meistens mittels analoger Butterworth-Filter realisiert, so gibt es heute praktisch nur noch Lösungen mit Digitalfiltern. Meistens verwendet man sog. IIR-Filter-Typen (IIR = infinite impulse response), die z. B. auch als eine digitale Nachbildung der Butterworth-Filter dimensioniert werden können. Die Realisierung für Echtzeit-Anwendungen, d. h. instantane Filterung quasi ohne Rechenzeit-Verzögerung, ist allerdings nur mit speziellen Signalprozessoren möglich. Bei dieser Technik kann ein leistungsfähiger Signalprozessor viele Bandpassfilter sequentiell in Echtzeit (z. B. für eine Anzeige in „FAST“ alle 125 ms) nachbilden.

Eine Optimierung der Filter erreicht man als Kompromiss zwischen der Flankensteilheit im Frequenzbereich und dem zeitlichen Ein- bzw. Ausschwingverhalten. Auch für den Begriff der Terz- und Oktavfilter gibt es internationale Vereinbarungen [7], die genaue Verläufe der Filterkurve für den Durchlass- und den Sperrbereich mit engen Toleranzen festlegen (ebenfalls mit einer Klasseneinteilung). Besondere Anforderungen gibt es natürlich noch hinsichtlich Echtzeitanwendungen, wobei die verschiedenen Ein- und Ausschwingzeiten sowie die Gruppenlaufzeiten der einzelnen Bandpässe untereinander beachtet werden müssen.

Im Falle einer schnellen Messung von Spektren, die evtl. selbst stochastischen Charakter besitzen (z. B. Frequenzkurven von Räumen oder anderer Systeme mit hoher Modendichte) sind Rauschsignale vorteilhaft. Sie ermöglichen eine direkte breitbandige Anregung des Systems (z. B. Raum, Trennwand, Schalldämpfer, etc.) und eine unmittelbare Erfassung des bandgefilterten Spektrums. Das allgemeinste Rauschsignal wird „weißes Rauschen“ genannt. Es enthält alle Frequenzen mit gleicher Stärke. Gebräuchlich ist auch das sog. „rosa Rauschen“, welches mit zunehmender Frequenz mit 3 dB/Oktav abfällt. Es wird verwendet, wenn überwiegend tieffrequente Schallanteile gemessen und dabei z. B. die Hochtöner von Messlautsprechern nicht überlastet werden sollen. Aufgrund des Anstieges des Energieinhaltes von Bandfiltern mit zunehmender Frequenz (Terz, Oktav) mit 3 dB/Oktav ergibt sich, dass ein rosa Rauschen auf einem Echtzeit-

Terzanalysator einen horizontalen Verlauf besitzt, während ein weißes Rauschen mit 3 dB/Oktav ansteigt. Der gemessene Schalldruckpegel ist aufgrund des stochastischen Verhaltens des Rauschens Schwankungen unterworfen. Um eine ausreichende Genauigkeit zu erhalten, muss die Integrationszeit T_{m} für den äquivalenten Dauerschallpegel L_{eq} geeignet gewählt werden. Der Zusammenhang zwischen der Standardabweichung des Pegels und der Messdauer wird dabei abgeschätzt durch (B = Bandbreite des Filters in Hz):

$$\sigma_L = \frac{4{,}34}{\sqrt{B \cdot T_{\mathrm{m}}}} \mathrm{dB} \qquad (27)$$

1.4 FFT-Analyse

Digitalisierung von Messsignalen

Um rechnerisch auswertbare Signale zu erhalten, müssen die vom Mikrofon aufgenommenen und als analoge Spannung vorliegenden Signale digitalisiert werden. Dies geschieht mittels eines Analog/Digital-Umsetzers. Die Feinheit der Diskretisierung hängt von der verwendeten Zeit- und Amplitudenauflösung ab. Typisch für Signale im Hörbereich sind Abtastraten von 44,1 kHz oder 48 kHz bei einer Auflösung von 16 bit (diskretisiert in Stufen von −32768 bis +32767). Umfasst das zu messende Schallereignis eine extrem große Dynamik, so lassen sich auch Varianten realisieren, die effektiv 20 bit Auflösung oder mehr erlauben, so dass ohne Verstärkungsumschaltung über 120 dB zwischen dem Quantisierungsrauschen und der Vollaussteuerung abgedeckt werden können.

Wie schnell die Abtastung erfolgen muss, hängt davon ab, welche Frequenzanteile im Signal enthalten sind. Falls die Abtastgeschwindigkeit nicht ausreicht, die schnellen Schwankungen eines Signals in genügend kurzen Abständen zu erfassen, kommt es zu Abtastfehlern, die sich im Frequenzbereich als Überlapp von Anteilen gespiegelter Spektren bemerkbar machen (Aliasing). Zur Vermeidung von Aliasing benutzt man Tiefpassfilter, die den auswertbaren Frequenzbereich auf höchstens die Hälfte der Abtastfrequenz begrenzen (Nyquist-Theorem). Unter Berücksichtigung der Diskretisierung in Zeit und Amplitude stellen dann die Abtastwerte ein hinreichend genaues Bild des analogen Signals dar. Alle weiteren Maßnahmen der Filterung, Analyse, Verstärkung, Speicherung, etc. können nun durch mathematische Funktionen durchgeführt werden, wodurch erheblich größere und flexiblere Möglichkeiten der Signalverarbeitung gegeben sind (Digitalfilter, Digitalspeicher, CD, DAT, usw.).

Diskrete Fourier Transformation DFT

Nun ist für die Messtechnik an akustischen Systemen ein sehr wichtiges Werkzeug in der Frequenzanalyse zu sehen. Setzt man abgetastete Funktionen voraus, so stellt sich die Frage nach einem effizienten Algorithmus zur Fouriertransformation dieser Zahlenfolge. Zuerst einmal muss berücksichtigt werden, dass die Abtastwerte zeitdiskret sind, d. h. das durch Fouriertransformation erhaltene (kontinuierliche) Spektrum ist periodisch (s.o.). Entscheidende Voraussetzung für eine numerische Berechnung des Spektrums ist jedoch auch dessen Diskretisierung, da man im Digitalspeicher nur endlich viele Frequenzen auswerten kann. Man ist also an die Berechnung eines Linienspektrum gebunden. Linienspektren besitzen aber nur periodische Signale, womit nun neben der Abtastung die zweite wesentliche Voraussetzung feststeht: Man muss beachten, dass sich numerisch ermittelte (Linien-) Spektren streng auf periodische Signale beziehen, Abb. 13.

Die Berechnungsvorschrift für die diskrete Fouriertransformation DFT lautet dann:

$$\underline{S}(k) = \sum_{n=0}^{N-1} s(n)\ \mathrm{e}^{-\mathrm{j}2\pi nk/N};\ k = 0, 1, \ldots, N-1 \qquad (28)$$

Zur Lösung der Gl. 28 sind N^2 (komplexe) Multiplikationen auszuführen.

Fast Fourier Transformation FFT

Eine besonders leistungsfähige Variante der DFT ist aus Rechenzeitgründen die schnelle Fourier-Transformation, die sog. „Fast Fourier Transformation" FFT. Sie ist keine Näherung, sondern eine numerisch exakte Lösung der Gl. 28. Sie

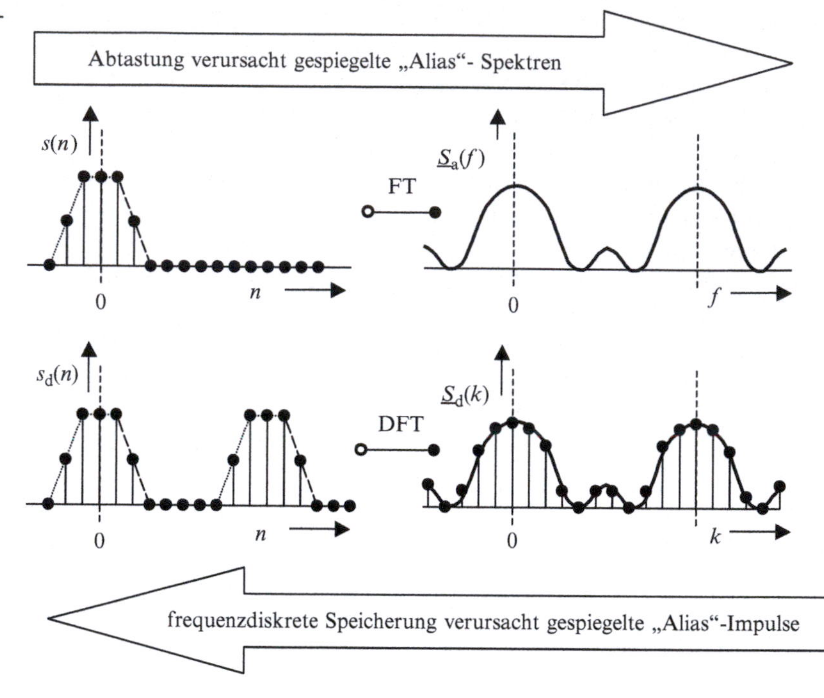

Abb. 13 Diskrete Fourier-Transformation einer Zeitreihe $s(n)$ in ein Linienspektrum $\underline{S}(k)$

lässt sich allerdings nur auf $N = 2^m$ (4, 8, 16, 32, 64, usw.) Abtastwerte anwenden. Grund für die Beschleunigung der Berechnung ist die Reduzierung der Rechenschritte auf einen Bruchteil. Stellt man nämlich die Vorschrift nach Gl. 31 als Gleichungssystem und als Matrixoperation (Beispiel für $N = 4$)

$$\begin{pmatrix} S(0) \\ S(1) \\ S(2) \\ S(3) \end{pmatrix} = \begin{pmatrix} W^0 & W^0 & W^0 & W^0 \\ W^0 & W^1 & W^2 & W^3 \\ W^0 & W^2 & W^4 & W^6 \\ W^0 & W^3 & W^6 & W^9 \end{pmatrix} \begin{pmatrix} s(0) \\ s(1) \\ s(2) \\ s(3) \end{pmatrix} \quad (29)$$

dar, so kann durch Vertauschen der Zeilen der Matrix $\boldsymbol{W}$ (die im Prinzip lediglich die komplexen Exponentialterme, d. h. die Phasen $2\pi k/N$ zur Potenz n enthält) eine Form hoher Symmetrie erreicht werden, in der quadratische Blöcke der Größe 2x2, 4x4, 8x8, usw. von „Nullen" auftreten. Die Vertauschung besteht in einem Umsortieren der Zeitsequenz $s(n)$ in einen Spaltenvektor $x_1(n)$ („bit reversal", siehe Gl. 30) und des Spektrumvektors $x_2(k)$ in das endgültige Resultat $S(k)$. Das resultierende Gleichungssystem erfordert dann im Beispiel nur noch die Lösung einer sparsen Matrix gemäß

$$\begin{pmatrix} S(0) \\ S(2) \\ S(1) \\ S(3) \end{pmatrix} = \begin{pmatrix} x_2(0) \\ x_2(1) \\ x_2(2) \\ x_2(3) \end{pmatrix} = \begin{pmatrix} 1 & W^0 & 0 & 0 \\ 1 & W^2 & 0 & 0 \\ 0 & 0 & 1 & W^1 \\ 0 & 0 & 1 & W^3 \end{pmatrix} \begin{pmatrix} x_1(0) \\ x_1(1) \\ x_1(2) \\ x_1(3) \end{pmatrix} \quad (30)$$

mit z. B.: $x_2(0) = x_1(0) + W^0 x_1(1)$ und $x_2(1) = x_1(0) + W^2 x_1(1)$. Letztere Operationen lassen sich sehr anschaulich in Form eines Butterfly-Algorithmus darstellen, wobei die Rechenvorschrift bedeutet, dass jeweils nur Zahlenpaare $(x_1(0), x_1(1))$ in Zahlenpaare $(x_2(0), x_2(1))$ überführt werden und andere Vektorelemente je Butterfly-Stufe keine Rolle spielen. Die Lösung von Gl. 30 einer mxm-Matrix lässt sich dann als eine kaskadierte m-stufige Butterfly-Rechnung durchführen. Die Anzahl der Rechenoperationen fällt dadurch von N^2 auf N ld(N/2) z. B. für

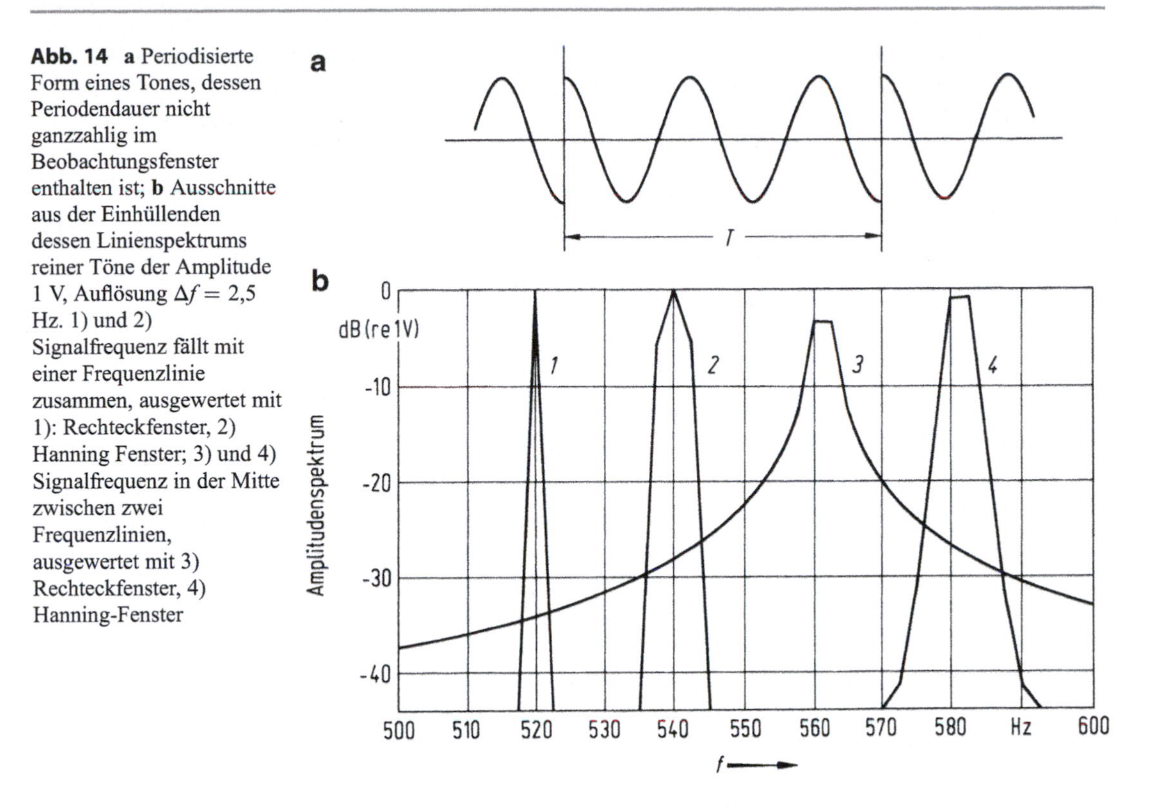

Abb. 14 **a** Periodisierte Form eines Tones, dessen Periodendauer nicht ganzzahlig im Beobachtungsfenster enthalten ist; **b** Ausschnitte aus der Einhüllenden dessen Linienspektrums reiner Töne der Amplitude 1 V, Auflösung $\Delta f = 2{,}5$ Hz. 1) und 2) Signalfrequenz fällt mit einer Frequenzlinie zusammen, ausgewertet mit 1): Rechteckfenster, 2) Hanning Fenster; 3) und 4) Signalfrequenz in der Mitte zwischen zwei Frequenzlinien, ausgewertet mit 3) Rechteckfenster, 4) Hanning-Fenster

$N = 4096$ von 16777216 auf 45056, also um den Faktor 372. Des weiteren gibt es Möglichkeiten zur Beschleunigung des Verfahrens und Speicherstrategien, die auf der Tatsache beruhen, dass man reelle Zeitsignale in komplexe Spektren überführt.

Mögliche Messfehler

Unter den gegebenen Randbedingungen sind verschiedene Fehlerquellen bei der Anwendung der FFT möglich. Oft wird nämlich vergessen, dass die FFT als diskrete Fouriertransformation nur auf periodische Signale bezogen werden kann. Wenn also ein ohnehin periodisches Signal (z. B. ein Sinus- oder ein Dreiecksignal) ausgewertet werden soll, muss selbstverständlich die Blocklänge einer glatten Anzahl von Perioden entsprechen, damit das zugehörige Linienspektrum unverzerrt berechnet werden kann. Endet das Signal „an der falschen Stelle", so ist die (gedankliche) periodische Fortsetzung unstetig, und das Spektrum bezieht sich auf das (falsche) fortgesetzte Signal mit der Unstetigkeitsstelle („leakage"-Effekt). Zudem ist nicht gesichert, ja sogar eher unwahrscheinlich, dass die Grundfrequenz des Signals überhaupt durch eine Linie des Spektrums repräsentiert wird (s. Abb. 14).

Falls jedoch die FFT-Blocklänge genau einer glatten Anzahl von Perioden entspricht, tritt der Fehler nicht auf. Im allgemeinen kann durch Abtastratenwandlung das gewünschte Auswertintervall glatter Periodenzahl auf eine FFT-Blocklänge abgebildet werden.

Ein weiteres, allerdings nicht so exaktes Verfahren zur Verringerung dieser Fehler ist die Fenstertechnik. Ein „Fenster" in diesem Sinne ist eine Zeitfunktion mit Anstieg und Abfallflanke, mit welcher das auszuwertende Signal multipliziert wird. Dies entspricht einer Faltung des Signalspektrums mit dem Spektrum der Fensterfunktion. Durch das Fenster werden die eventuellen Unstetigkeiten an den Grenzen des Auswertebereiches mit geringerem Gewicht berücksichtigt. Das schlechthin optimale Fenster kann man nicht benennen. Die durch das Fenster aufgeprägten Verzerrungen im Spektrum können entweder als zulässige Verzerrungen von Flankensteilheiten oder als zulässige Nebenmaxima beurteilt werden. Als Kompromiss verwendet wird häufig das sog. „Hanning“-Fenster.

$$w(n) = 2\sin^2\left(\frac{n}{N}\pi\right) \quad (31)$$

Zoom-FFT

Falls ein breitbandiges Spektrum mit großer Feinstruktur untersucht werden soll, bietet sich die Zoom-FFT an, um bestimmte Bereiche in der Frequenzauflösung zu spreizen und detaillierter auswerten zu können. Das Verfahren basiert auf der Erzielung einer Verschiebung des besonders interessierenden Frequenzbandes f_u bis f_o symmetrisch in den Nullpunkt der Frequenzachse und Analyse lediglich des „gezoomten“ Bereiches mit voller Linienanzahl. Die Verschiebung erzielt man durch eine Multiplikation des (reellen) Signals mit einem komplexen Phasenvektor exp $(-j\pi(f_u + f_o)t)$ und einer Tiefpassfilterung. Man beachte, dass die notwendige Abtastrate deutlich reduziert werden kann, da nur noch die Linienanzahl (Bandbreite) zwischen f_u und f_o mit dem Nyquisttheorem im Einklang stehen muss. Die grundsätzlich Forderung, dass der Linienabstand gleich der reziproken Analysedauer ist, ist damit allerdings nicht außer Kraft gesetzt. Die Messung dauert also genauso lang wie bei einer herkömmlichen Messung mit voller Linienanzahl des Spektrums.

Fortgeschrittene Signalanalyse

Die Analyse mithilfe von FFT-Analysatoren kann zahlreiche Signalparameter aufdecken und erlaubt somit unter anderem, Zusammenhänge, Ähnlichkeiten oder Separationen von Teilsignalen zu ermitteln. Dabei wird nicht unbedingt „nur“ eine Fouriertransformation ausgeführt, sondern die Signaltheorie liefert einige sehr interessante Erkenntnisse, die über die Anwendung der FFT und weiterführende Operationen gewonnen werden können. Als ein Beispiel sei hier nur die Cepstralanalyse genannt, die zur Bestimmung von Periodizitäten im Spektrum, also zur Analyse von Oberschwingungen (Obertönen) herangezogen werden kann und daher in der musikalischen Akustik, in der Maschinendiagnose und in der Sprachverarbeitung eine Rolle spielt. Das sog. „Cepstrum“ ist definiert als das Leistungsspektrum des (dekadischen) logarithmischen Leistungsspektrums:

$$C_s(\tau) = \left|\boldsymbol{F}\left\{\log\left[|S(f)|^2\right]\right\}\right|^2. \quad (32)$$

mit

$$S(f) = \boldsymbol{F}\{s(t)\} \quad (33)$$

die Variable τ des Cepstrums wird „Quefrency“ genannt. Mit $\boldsymbol{F}$ wird hier formal eine Fouriertransformation (z. B. mit FFT) bezeichnet.

Beispiele für die Anwendung von Korrelationsanalysen sind Berechnungen der „Ähnlichkeit“ oder „Kohärenz“ zweier Signale (Kreuzkorrelation) oder Detektionen von Periodizitäten in Signalen (Autokorrelation). Das sog. „Korrelationsintegral“ über eine Messdauer T

$$k_{xy}(\tau) = \int_{-T/2}^{T/2} x(t)y(t+\tau)dt \quad (34)$$

lässt sich nämlich im FFT-Analysator durch Fouriertransformation überführen in

$$K_{xy}(f) = X*(f)\cdot Y(f) \quad (35)$$

wobei die Frequenzfunktionen K, X und Y jeweils die Fouriertransformierten der Zeitfunktionen k, x, und y sind (zwischen $-T/2$ und $T/2$). Grundsätzlich berechnet man mit Gl. 34 das Integral des konstruktiven „Überlapps“, d. h. derjenigen Signalanteile, die beiden Funktionen gemeinsam sind, in Abhängigkeit der relativen Verschiebung τ.

$K_{xx}(\tau)$ heißt „Autokorrelationsfunktion“; für $\tau = 0$ wird $K_{xx}(\tau)$ maximal. Falls für gewisse Verschiebungen wieder Werte nahe dem Maximum auftreten (in energienormierter Schreibweise $= 1$), ist das Signal periodisch (siehe auch Abschn. Maximalfolgen). Stochastische Signale sind in sich unkorreliert und zeichnen sich daher durch sehr kleine Werte der Autokorrelationsfunktion (abgesehen von der Stelle $\tau = 0$) aus.

Mit der Messung zweier Zeitsignale, eines vor und eines hinter einer gewissen Übertragungsstrecke (z. B. einer akustischen Leitung, einer Körperschallübertragungsstrecke, einer Luftschallübertragungsstrecke zwischen zwei Punkten in einem Raum oder auch zwischen zwei Räumen), deren komplexe Spektren mittels eines FFT-Analysators berechnet werden, lassen sich aus dem Kreuzleistungsspektrum $K_{xy}(\tau)$ die Eigenschaften der Übertragungsstrecke (in Form der komplexen stationären Übertragungsfunktion $\underline{H}(f)$, siehe Abschn. 1.5) laufend (d. h. kontinuierlich)) ermitteln, obwohl die Signale evtl. stochastischer Natur sind:

$$\underline{H}(f) = \frac{\underline{Y}(f)}{\underline{X}(f)} = \frac{\underline{Y}(f)}{\underline{X}(f)} \cdot \frac{\underline{X}*(f)}{\underline{X}*(f)} = \frac{K_{xy}(f)}{K_{xx}(f)} \quad (36)$$

Diese Art der Messtechnik ist sehr effektiv, wenn man stationäre Zufallsprozesse betrachtet, z. B. also Signale, die aus einer aerodynamischen Lärmquelle oder einem anderen primären stochastischen Schallerzeugungsprozess stammen. In Messaufgaben, bei denen das Anregungssignal explizit erst erzeugt werden muss, sei auf die in Abschn. 1.5 beschriebenen deterministischen periodischen Signale und die damit verbundenen Verfahren verwiesen.

1.5 Messung von Übertragungsfunktionen und Impulsantworten

Speziell an die Messsituation angepasste periodische Signale, deren Generierung, Speicherung und D/A-Umsetzung sind in PC-gestützten Messsystemen heute kein Problem mehr. Sie bieten eine größere Flexibilität, eine bessere Aussteuerung und damit eine größere Messgenauigkeit als Methoden, die auf stochastischen Signalen und Auswertung von Kreuzleistungsspektren basiert. Bei allen Messungen, die eine explizite Generierung und Beeinflussung des Sendesignals erlauben, sind daher folgende Zusammenhänge von großem Interesse.

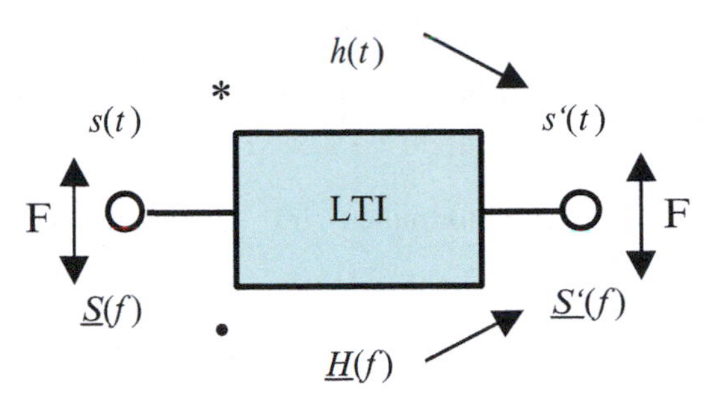

Abb. 15 Signalweg über lineare zeitinvariante (LTI) Systeme. Das Eingangssignal $s(t)$ bzw $\underline{S}(f)$ und das Ausgangssignal $s'(t)$ bzw $\underline{S}'(f)$ sind über die Systemantwort auf einen Dirac-Stoß (Impulsantwort $h(t)$) bzw. über die Systemantwort auf stationäre reine Töne (stationäre Übertragungsfunktion $\underline{H}(f)$) verknüpft, und zwar im Zeitbereich durch eine Faltung (oberer Pfad) und im Frequenzbereich durch eine Multiplikation (unterer Pfad)

In Abb. 15 wird das Messobjekt als „lineares zeitinvariantes (linear time invariant, LTI) System“ behandelt. Als ein einfaches Beispiel für eine Messung an einem akustischen LTI-System stelle man sich eine Übertragungsstrecke in einem Rohr vor, mit zwei Messpositionen vor und hinter einem Schalldämpfer. Allgemeiner gesagt handelt es sich typischerweise um eine Schallübertragung von einer Mikrofonposition an einem „Sendepunkt“ zu einer Mikrofonposition an einem „Empfangspunkt“. Die elektrische, akustische, elektroakustische oder vibroakustische Strecke zwischen den Punkten ist das LTI-System.

Die LIT-Voraussetzung ist die wichtigste Grundlage aller hier behandelten digitalen Messverfahren (im übrigen auch die Grundlage der Anwendbarkeit der Fourieranalyse, Abschn. 1.4). Auswirkungen von Verletzungen dieser Bedingungen werden zusammengefasst in Abschn. Fehlerquellen der digitalen Messverfahren diskutiert. Linearität bedeutet z. B. dass die Systemeigenschaften invariant gegenüber Änderungen des Eingangspegels sind. Zeitinvarianz bedeutet, dass sich das System zeitlich konstant verhält.

Ebenfalls im Bild ersichtlich ist die logische Kette von signaltheoretischen Operationen im Zeit- und Frequenzbereich, die jeweils über die Fouriertransformation eindeutig gekoppelt sind.

Der Signalweg formuliert im Zeitbereich liest sich

$$s'(t) = s(t) * h(t) = \int_{-\infty}^{\infty} s(\tau)h(t-\tau)d\tau. \quad (37)$$

Das gleiche formuliert im Frequenzbereich bedeutet

$$\underline{S}'(f) = \underline{S}(f) \cdot \underline{H}(f). \quad (38)$$

Während die zentrale Gleichung zur Bestimmung der Systemeigenschaften im Frequenzbereich (siehe 2-Kanal-FFT-Technik)

$$\underline{H}(f) = \frac{\underline{S}'(f)}{\underline{S}(f)} = \underline{S}'(f) \cdot \frac{1}{\underline{S}}(f) \quad (39)$$

lautet, kann man das gleiche im Zeitbereich durch eine sog. „Entfaltung" ausdrücken:

$$h(t) = s'(t) \quad * \quad s^{-1}(t), \quad (40)$$

mit $s^{-1}(t)$ als Signal mit dem inversen Spektrum $1/\underline{S}(f)$. $s^{-1}(t)$ wird üblicherweise „Matched Filter" oder „Transversalfilter" genannt (siehe Abschn. Time-stretched pulse).

Anmerkung: In diesem Kapitel werden die Signaltransformationen und die Signalverarbeitung aus Gründen der besseren Lesbarkeit in kontinuierlicher Form beschrieben. In digitalen Messinstrumenten sind die Signale selbstverständlich in digitalisierter, d. h. in diskreter Form gespeichert (vergl. Gl. 28).

Falls $\underline{S}(f)$ ein „weißes" Spektrum besitzt, so gilt auch

$$s^{-1}(t) = \ s(-t) \quad (41)$$

und man kann Gl. 40 in

$$h(t) = s'(t) \quad * \quad s(-t) = s'(t) * s(t)$$
$$= \int_{-\infty}^{\infty} s'(\tau)s(t+\tau)d\tau \quad (42)$$

umformen, was bedeutet, dass man $h(t)$ auch durch eine Kreuzkorrelation von $s(t)$ und $s'(t)$ erhalten kann (siehe Abschn. Korrelationsverfahren).

Offenbar sind die Gl. 39, 40 und 42 absolut äquivalent, solange man breitbandige und im Betrag „weiße", d. h. etwa frequenzkonstante Signale verwendet. Unterschiede sind jedoch im Phasengang der Anregungsspektren und den daraus resultierenden Zeitverläufen gegeben, was teilweise erheblichen Einfluss auf die Aussteuerbarkeit von Endstufen oder Lautsprecher hat. Man bedenke nur, dass z. B. ein gleitender Sinuston und ein Dirac-Stoß gleiche Betragsspektren besitzen können, dass aber die Maximalamplituden dieser Signale bei gleichem Energieinhalt natürlich drastisch unterschiedlich sind.

Wichtig anzumerken ist, dass die digitale Repräsentierung der Signale und Spektren weitere Konsequenzen haben, die beachtet werden müssen. Wesentlich dabei ist die endliche Länge T_{rep} des (deterministischen) Anregungssignals und dessen eventuelle Periodizität, die zum Zwecke der kohärenten Mittelung ausgenutzt werden kann. Falls ein periodisches Signal vorliegt, besteht dessen Spektrum aus einer Reihe frequenzdiskreten Linien (Linienspektrum) mit einem Linienabstand Δf, mit

$$\Delta f = \frac{1}{T_{\text{rep}}} \quad (43)$$

Aufgrund der Periodizität des Signals entspricht die Anregung des LTI-Systems einer Multiplikation der System-Übertragungsfunktion mit einem Linienspektrum. Demzufolge können Aussagen nur an diesen genau festgelegten Frequenzlinien gemacht werden. Die Ergebnisse enthalten jedoch nicht etwa über Frequenzintervalle (z. B. zwischen zwei Linien) gemittelte Werte, sondern die „wahren" Messwerte bei diesen Frequenzen und entsprechen systemtheoretisch genau den Ergebnissen aus Messungen mit reinen Tönen und Schmalbandfiltern mit extrem hoher Güte. Deterministische periodische Signale sind daher streng von stochastischen oder pseudo-stochastischen nicht-periodischen Rauschsignalen zu unterscheiden.

Um sicherzustellen, dass das zu messende akustische System eingeschwungen ist, so dass alle eventuellen Moden hinreichend angeregt werden, müssen die Linien genügend dicht liegen.

Man kann den gleichen Sachverhalt auch dadurch ausdrücken, dass die Signaldauer genügend lang sein muss, d. h. so lang wie das System braucht, um ein- oder auszuschwingen. In der Raumakustik beispielsweise ist dies erreicht, wenn

$$T_{\text{rep}} \geq T \tag{44}$$

mit der Nachhallzeit T. Ein anderes Beispiel ist die Messung von Resonanzsystemen 2. Ordnung der Güte $Q = 2{,}2/T$. Gl. 44 beschreibt dann die Tatsache, dass sich innerhalb der Halbwertsbreite der Mode mindestens 2 Frequenzlinien befinden.

Bei der kohärenten Mittelung über mehrere Signalperioden nutzt man aus, dass sich die Signalanteile phasenrichtig überlagern, wohingegen unkorrelierte Störgeräusche sich inkohärent überlagern. Man gewinnt somit bei N Mittelungen

$$\Delta_{\text{av}} = 10 \lg N \ \text{dB} \tag{45}$$

an Signal-Rauschabstand.

2-Kanal-FFT-Technik

Die Messung und die nachfolgende Signalverarbeitung wird unmittelbar im Frequenzbereich formuliert und durchgeführt (dies gilt im Übrigen auch für die in Abschn. 1.5 beschriebene Messung von Übertragungsfunktionen mit 2-Kanal-FFT-Analysator mithilfe der Kreuzleistungsspektren). Eingangs- und Ausgangssignal werden simultan gemessen, mit FFT-Verfahren transformiert und einer komplexen Division unterzogen (Gl. 39), Abb. 16. Eine wichtige Voraussetzung ist eine hinreichende Breitbandigkeit, d. h. das Anregungssignal darf keine „Nullen“ im Spektrum aufweisen, da ansonsten die Division unmöglich wäre. Jedwedes Signal der Länge 2^m kann verwendet werden. wobei sich aus Gründen der optimalen Aussteuerung gleitende Sinussignale (sweeps, chirps) oder deterministisches Rauschen bewährt haben [8].

Nach Durchführung der Spektrumsdivision kann die Impulsantwort, falls erforderlich, über eine inverse Fouriertransformation ermittelt werden.

$$h(t) = \mathcal{F}^{-1}\{\underline{H}(\omega)\} = \int_{-\infty}^{\infty} \underline{H}(\omega)\, e^{j\omega t}\, d\omega \tag{46}$$

Time-stretched pulse

Diese Art der Anregungssignale und der Signalverarbeitung basiert auf dem Ansatz der „Matched Filter“ oder „Transversalfilter“ (Gl. 40). Die meistens verwendeten Signale $s(t)$ ähneln einem „Sweep“ oder „Chirp“ [9].

Das Matched Filter wird ermittelt einfach aus der rückwärtsgelesenen Signalsequenz:

$$s^{-1}(t) = s\left(T_{\text{Rep}} - t\right) \tag{47}$$

Ein großer Vorteil dieser Technik ist, dass das Problem der zu kurzen Signalperioden Sequenzen im Zusammenhang mit extrem langen zu messenden Impulsantworten umgangen werden kann. Dabei wird die (im Vergleich zur Ein- und Ausschwingzeit des Systems eigentlich zu kurze) Sequenz nur einmal ausgesendet, während das Empfangssignal über einen theoretisch beliebig langen Zeitraum aufgezeichnet wird. Dies entspricht einer Anregung mit dem kurzen Signal und nachfolgenden „Nullen“ zur Auffüllung der Blocklänge der Empfangssequenz.

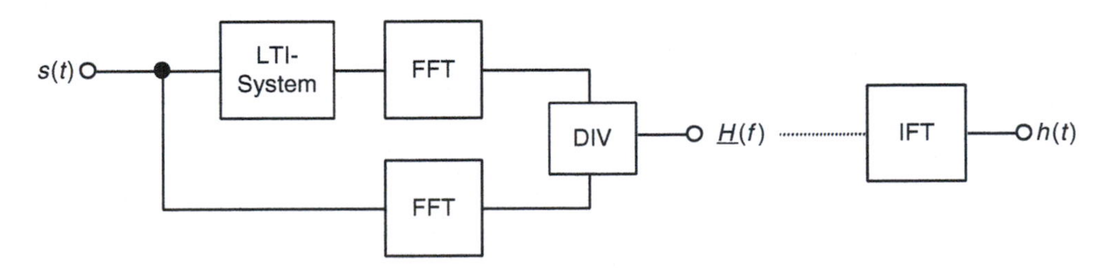

Abb. 16 Blockschaltbild der 2-Kanal-FFT-Messtechnik

Korrelationsverfahren

Die Korrelationsmesstechnik ist eine spezielle Form der Impulsmesstechnik und wurde ursprünglich für die Messung von Laufzeiten entwickelt. Jedoch auch zur Bestimmung von Impulsantworten und Übertragungsfunktionen kann die Korrelationstechnik eingesetzt werden. Der wesentlichste Vorteil ist die Möglichkeit, zeitlich ausgedehnte Signale zu verwenden und dennoch eine Impulsantwort zu erhalten. Dadurch werden Anforderungen an maximale Amplituden enorm herabgesetzt. Die Impulsdarstellung der Messergebnisse erfolgt nämlich nicht durch direkte Anregung, sondern durch nachträgliche Signalverarbeitung.

Bei direkter Impulsanregung nähert man mit dem Anregungssignal einen Dirac-Stoß $\delta(t)$ an und misst somit empfangsseitig unmittelbar die System-Impulsantwort $h(t)$:

$$s'(t) = \int_{-\infty}^{\infty} h(t')\delta(t-t')\mathrm{d}t' \approx h(t) \qquad (48)$$

Das Faltungsintegral der Korrelationsmesstechnik lautet dagegen

$$\Phi_{ss'}(t) = \int_{-\infty}^{\infty} h(t')\Phi_{ss}(t-t')\mathrm{d}t' \approx h(t) \qquad (49)$$

Es enthält statt des Anregungssignals $s(t)$ dessen Autokorrelationsfunktion $\Phi_{ss}(t)$ und die Kreuzkorrelationsfunktion $\Phi_{ss'}(t)$ des Empfangssignals $s'(t)$ mit dem Anregungssignal. Es muss also nicht das Anregungssignal selbst einem Dirac-Stoß möglichst nahekommen, sondern lediglich dessen Autokorrelationsfunktion. Dies führt zu erheblich günstigeren Bedingungen für die Aussteuerung des Systems und für das resultierende S/N-Verhältnis. Als Preis für diese Erleichterung muss die Kreuzkorrelation $\Phi_{ss'}(t)$ des Empfangssignals gemessen oder berechnet werden.

Maximalfolgen

Ein wichtiger Vertreter der Korrelationssignale sind Maximalfolgen [10]. Es handelt sich dabei um periodische binäre pseudostochastische Rauschsignale mit einer Autokorrelationsfunktion, die einer Dirac-Stoß-Folge sehr nahe kommt, Abb. 17. Sie werden aus einem deterministischen (exakt reproduzierbaren) Prozess mit Hilfe eines rückgekoppelten binären Schieberegisters gewonnen. Ist m die Länge (Ordnung) des Schieberegis-

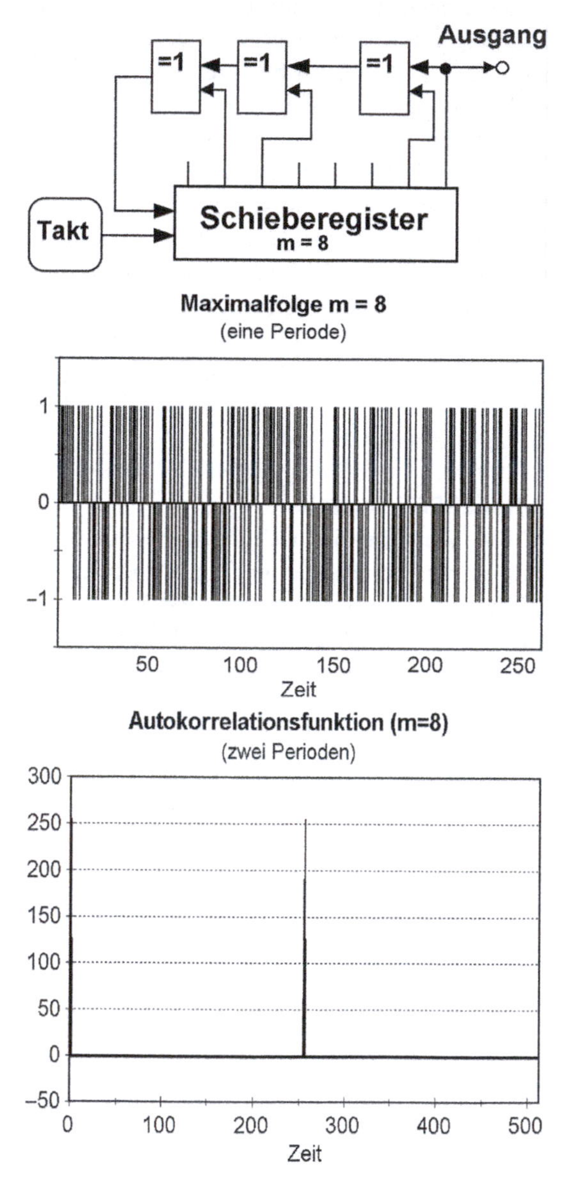

Abb. 17 **a** Erzeugung einer Maximalfolge mit einem Schieberegister (Beispiel: Folge der Ordnung 8 mit einer Sequenzlänge von 255); **b** eine Periode der Maximalfolge; b zwei Perioden der Autokorrelationsfunktion

ters, so können maximal $L = 2^m - 1$ von Null verschiedene Zustände des Registers vorliegen. Nur bei einer geeigneten Rückkopplungsvorschrift erreicht man die „maximale" Länge einer Periode der Folge (maximum-length sequence, m-sequence, MLS). Es gibt für alle Ordnungen mindestens eine Vorschrift, welche dies leistet. In der praktischen Realisierung einer bipolaren Sendefolge wird „1" einem positiven Signalwert $+U_0$ zugeordnet und „0" dem entsprechenden negativen Wert gleicher Amplitude $-U_0$.

Maximalfolgengeneratoren werden schon recht lange in handelsüblichen Frequenzanalysatoren als Ersatz für frühere analoge Rauschgeneratoren eingesetzt. Die Folgenlänge wird dann so groß gewählt (typischerweise $m > 30$, $L > 10^9$), dass die Periodizität des Signals sich nicht störend bemerkbar macht. Die wirklich hervorstechenden Vorteile der Maximalfolgenmesstechnik, nämlich deren fast ideal Dirac-Stoß-förmige Autokorrelationsfunktion werden dabei allerdings nicht ausgenutzt.

Regt man ein LTI-System mit einer stationären Maximalfolge $s_{\mathrm{Max}}(t)$ an, so entsteht empfangsseitig zunächst das Faltungsprodukt $s_{\mathrm{Max}}(t) * h(t)$. Dieses Signal wird synchron mit dem Takt Δt des Schieberegisters abgetastet. Die Kreuzkorrelation mit dem Anregungssignal (siehe Gl. 49) erfolgt rechnerisch durch Faltung mit dessen zeitinversem Signal $s_{\mathrm{Max}}(-t)$:

$$\begin{aligned} s_{\mathrm{Max}}(t) * h(t) * s_{\mathrm{Max}}(-t) \\ = s_{\mathrm{Max}}(t) * s_{\mathrm{Max}}(-t) * h(t) \\ = \Phi_{\mathrm{Max}}(t) * h(t) \approx \delta(t - iL\Delta t) * h(t) \end{aligned} \quad (50)$$

mit $i = 0, \pm 1, \pm 2, \ldots$ als Zählparameter einer Dirac-Stoß-Folge der Periode $L\Delta t$.

Die Autokorrelationsfunktion einer stationären, periodisch wiederholten Maximalfolge ist eine Folge von Einzelstößen der Höhe L mit einem sehr kleinen negativen Offset von -1 und mit der gleichen Periode wie die Maximalfolge (im Beispiel $L = 255$). Jeder Einzelstoß enthält praktisch die gleiche Energie wie die gesamte Maximalfolge innerhalb einer Periode.

Erhöhungen des Signal-Rauschabstandes können durch Mittelungen über N Perioden erzielt werden. Da Maximalfolgen streng periodisch sind, addieren sich dabei die Amplituden der Nutzsignale, während sich die Störsignale, sofern sie nicht mit der Maximalfolge korreliert sind, energetisch (inkohärent) akkumulieren. Somit erhöht sich der Signal-Rauschabstand gemäß Gl. 45.

Bis zu dem bisher Gesagten weisen Maximalfolgen keine wesentlich anderen Vorteile auf als ähnliche deterministische und periodische Signale mit glattem Amplitudenspektrum und geringem Crest-Faktor (Verhältnis von Spitzenwert zu Effektivwert), die in den Abschn. Reflexionsfreier Raum bis 1.6.3 beschrieben wurden. Was gerade die Maximalfolgen für die Impulsmesstechnik so interessant macht, ist ein mit ihnen eng verknüpfter schneller Kreuzkorrelations-Algorithmus im Zeitbereich. Zur rechnerischen Kreuzkorrelation stehen im Allgemeinen zwei Algorithmen zur Verfügung, nämlich die diskrete oder die FFT-Faltung. Bei gegebener Blocklänge B erfordert eine diskrete Faltung B^2 und eine FFT-Faltung „nur" $B\,(4 \log_2 B + 1)$ Multiplikationen komplexer Zahlen. Da die Perioden $L = 2^m$ -1 von Maximalfolgen jedoch immer um genau einen Abtastwert kürzer sind als die FFT-Blocklängen $B = 2^m$, müssten zur FFT-Faltung umständliche Verfahren zur Abtastratenwandlung eingesetzt werden, damit das Ergebnis nicht durch Fehler verfälscht wird. Eine sehr viel schnellere Methode zur Faltung und Korrelation im Zeitbereich ist jedoch die schnelle Hadamard-Transformation (FHT), die wie die FFT auf einem sog. „Butterfly"-Algorithmus basiert und lediglich $m\ 2^m$ Additionen und Subtraktionen erfordert. Sie bedeutet einen Zeitgewinn in einer Größenordnung um den Faktor 10 gegenüber FFT-basierten Algorithmen.

Fehlerquellen der digitalen Messverfahren

Die wichtigen Voraussetzungen für die Anwendbarkeit der Kreuzspektrums-, FFT- und Korrelationsmesstechnik als Alternative für die Verwendung impulsartiger Signale ist die Gültigkeit der LTI-Bedingungen. Falls also entweder Nichtlinearitäten eine Rolle spielen oder das System nicht zeitinvariant ist, treten Messfehler auf. Das gilt sowohl für das zu messende System als auch für die Messapparatur.

Störgeräusche

Da Störgeräusche normalerweise nicht mit dem Anregesignal korreliert sind, werden sowohl impulsartige Störungen als auch monofrequente oder breitbandige stochastische Störungen nach der Kreuzkorrelation über die gesamte Messdauer verschmiert. und treten in der gemessenen Impulsantwort nur mit ihrer mittleren Leistung in Erscheinung. Da zur Vermeidung des Time-Aliasing die zu messende Impulsantwort ohnehin innerhalb einer Periode abklingen muss, können Bereiche, in denen das Störgeräusch bereits das Messsignal überwiegt, gelöscht, bzw. mit „Nullen" aufgefüllt werden (s. Fenstertechnik, Abschn. Mögliche Messfehler).

Nichtlinearitäten

Schwache Nichtlinearitäten können meistens in Kauf genommen werden, da sie sich in der gemessenen Impulsantwort nur als Rauschteppich bemerkbar machen und kaum von Störgeräuschen unterschieden werden können. Dementsprechend werden sie in der Signalanalyse wie Störgeräusche mit Hilfe der Fenstertechnik behandelt. Nichtlinearitäten können detektiert werden, wenn beobachtet wird, ob durch kohärente Mittelungen keine Verbesserung des Signal-Rauschverhältnisses erzielt werden, der Dynamikgewinn also asymptotisch stagniert. Durch Absenken der Signalamplitude kann dann meistens das Ausmaß der nichtlinearen Effekte verkleinert werden, und mit entsprechenden Mittelungen kann dann die Messdynamik weiter verbessert werden. Erfahrungen haben gezeigt, dass sich ohne weiteres mit allen der o. g. Verfahren Signal-Rauschabstände von über 70 dB erreichen lassen. Liegen die Anforderungen höher, tauchen allerdings Probleme auf. Weitere Erhöhungen der Messdynamik scheitern dann an den Nichtlinearitäten, die durch geschickte Wahl des Anregungssignals und optimale Anpassung an das zu messende System, aber auch an Endstufen, Lautsprecher oder Sample&-Hold-Bausteine und AD-Wandler. Hier kommt es also auf Signale mit günstigen Crestfaktor an (Crestfaktor = Verhältnis Spitzenwert zu Effektivwert). Es unterscheiden sich Maximalfolgen zunächst von allen anderen Signalen, da sie einen Crestfaktor von 0 dB besitzen, Sweeps oder Chirps beispielsweise dagegen einen Crestfaktor von 3 dB. Unter extremen Anforderungen (S/N über 70 dB) sind die Maximalfolgen aber dennoch nicht die beste Wahl, da ihr theoretischer Crestfaktor aufgrund von Tiefpassbegrenzungen der digitalen Messkette nicht zu Tage tritt, und statt dessen an den Rechteckflanken Überschwinger von bis zu 8 dB entstehen. Entsprechend sollte daher die Signalamplitude verringert werden. Sweeps oder ähnliche Signale behalten auch in der technischen Realisierung im wesentlichen ihren Crestfaktor vom 3 dB und „überholen" somit die Maximalfolgen".

Zeitvarianzen

Sehr schwierig zu detektieren sind Einflüsse von Zeitvarianzen, da sie nicht nur scheinbare Störgeräusche vortäuschen, sondern den Signalverlauf fast unmerklich verzerren. Dazu sind grundsätzlich zwei Arten von Zeitvarianzen zu unterscheiden: a) schnelle Schwankungen, die sich innerhalb einer Messperiode bemerkbar machen und b) eher langsame Effekte, die nur bei längeren Mittelungen eine Rolle spielen. In beiden Fällen liegt der Grund für die Messfehler in einem Phasenversatz verschiedener Messsequenzen, wobei sowohl die kohärente Mittelung als auch die FFT und die Kreuzkorrelation gestört wird.

Immerhin kann man durch einige einfache Regeln den Störeinfluss von Zeitvarianzen verhindern, z. B. wenn gewährleistet wird, dass bei einer Nachhallzeitmessung mit kleinen Pegel und langer Mittelungszeit der maximale Temperaturdrift in Grad Celsius im Raum

$$\Delta\vartheta|_{Messdauer} < \frac{300}{fT} \tag{51}$$

gewährleistet ist (Nachhallzeit T, Terz- oder Oktav-Mittenfrequenz f). Ähnliche Faustregeln gelten für den Einfluss von Wind.

1.6 Messräume

Bezogen auf verschiedene Anwendungen akustischer Mess- und Prüftechnik gibt es eine Reihe von festgelegten Prüfapparaturen und akustischen Messräumen. Akustische Messverfahren werden einerseits für die Forschung eingesetzt, wobei sowohl medizinische und biologische Untersuchungen als auch technische Entwicklungen im Vordergrund stehen können. Andererseits gibt es zahlreiche Prüfverfahren (z. B. für die akustische Materialprüfung), bei denen die Ermittlung eines akustischen Kennwertes im Vordergrund steht. Die akustischen Apparaturen oder Räume dienen in jedem Fall der Herstellung von wohldefinierten Bedingungen der akustischen Umgebung.

Reflexionsfreier Raum

Kugelwellen sollen sich möglichst ungestört und ohne Reflexionen und Beugung ausbreiten (siehe Kap. Grundlagen der Technischen Akustik). Der dafür verwendete Messraum heißt daher *„reflexionsfreier Raum"* oder *„schalltoter Raum"*, Abb. 18.

Seine Wände müssen den Schall zu 99,9 % absorbieren, um für die Reflexionen eine Dämpfung von 30 dB zu erreichen [11]. Diese Anforderung erfüllt man durch Auskleidung der Wände mit porösem Material in Keilform, welches mit oder ohne dahinterliegendem Luftraum vor die Wände montiert wird. Je nach Keilabmessungen kann die gewünschte Absorption oberhalb von 50 Hz erzielt werden. Der Boden kann entweder ebenso behandelt werden (man „begeht" den Raum dann auf einem Netz) oder er wird schallhart belassen (Halb-Freifeldraum).

Reflexionsfreie Räume sollen neben guten Freifeldbedingungen auch eine gute Störgeräuschdämmung haben. Daher sind aufwendigere Lösungen stets mit einer schwingungsisolierten

Abb. 18 Reflexionsfreier Halbraum (PTB Braunschweig). Beispiel eines Hüllflächenverfahrens zur Messung der Schallleistung einer Wärmepumpe. Die Mikrofonpfade der Hüllflächenabtastung sind durch bewegte Glühlämpchen und eine Langzeitbelichtung sichtbar gemacht worden

Fundamentierung versehen; der Raum steht sozusagen auf Federn. Aufgrund einer tief abgestimmten Resonanzfrequenz aus der Raum-Masse und der Nachgiebigkeit der Federn (typischerweise < 10 Hz) gelangen dann Schwingungen aus dem umgebenden Baukörper oder von außerhalb des Gebäudes nicht in den reflexionsfreien Raum.

Die Qualifikation eines schalltoten Raumes überprüft man durch Nachmessen der Freifeldausbreitung, d. h. des $1/r$-Gesetzes unter Verwendung von Sinustönen verschiedener Frequenz. Eine etwaige Welligkeit der $1/r$-Kurve deutet auf eine nicht hinreichende Absorption und somit auf Raummoden hin.

Anwendungsfälle für reflexionsfreie Räume sind alle „Freifeld"-Messungen an Lautsprechern, Mikrofonen, Hörgeräten, Lärmquellen usw. Es können Frequenzgang, Richtcharakteristik und auch die abgestrahlte Leistung ermittelt werden.

Hallraum

Diffusfeldbedingungen findet man nach den Ausführungen im Kap. Raumakustik in geschlossenen Räumen. Idealvoraussetzungen sind aufgrund der quasi statistischen Überlagerung von Wandreflexionen (oder, wenn man die Betrachtungsweise im Frequenzbereich vorzieht, von Eigenschwingungen) normalerweise nicht gegeben. Jedoch können die Voraussetzungen für diffuse Schallfelder, d. h. homogene und isotrope Energieverteilung im Raum gut angenähert werden, wenn die Wände des Raumes möglichst wenig Schallenergie absorbieren und die Absorption auf den Wandflächen gleichverteilt ist. Als weitere Maßnahmen zur Schallmischung werden unregelmäßige Raumformen und Diffusoren eingesetzt, Abb. 19.

Praktisch das Gegenteil des reflexionsfreien Raumes ist der Hallraum. Seine Wände sollen den Schall möglichst hundertprozentig reflektieren. Dies gelingt aufgrund der Unvollkommenheit des Mediums Luft an der Grenzschicht vor der Wand nur bis auf eine Restabsorption von ca. 1 bis 2 %, auch bei sehr schweren und lackierten Wänden. Bei höheren Frequenzen ist ohnehin die Luftabsorption dominant.

Abb. 19 Hallraum (PTB Braunschweig) mit Maßnahmen zur Erhöhung der Schalldiffusität. **a** Strukturen auf den Wänden; **b** rotierender Diffusor in der Raummitte

Zur Verbesserung der Schallmischung werden die Wände des Hallraumes oft mit schallstreuenden Strukturen gestaltet, oder man hängt in den Raum einzelne (feste oder rotierende) Diffusoren-Elemente.

Die Nachhallzeit im Hallraum liegt daher frequenzabhängig von über 10 s bei tiefen Frequenzen bis immerhin noch 1 s bei höheren Frequenzen. Anwendungsbereiche für Hallräume sind Messungen des Absorptionsgrades von Materialien, der Schalleistung sowie von Diffusfeld-Übertragungsmaßen von Wandlern.

Zur Feststellung der Qualifikation eines Hallraumes (Nachweis der Qualität) können verschiedene theoretische und experimentelle Prüfungen durchgeführt werden. Zunächst kann die untere Grenzfrequenz f_{gr} des Hallraumes bestimmt werden nach (V = Raumvolumen in m^3, T = Nachhallzeit in s)

$$f_{gr} \approx 2000\sqrt{\frac{T}{V}} \quad \text{Hz} \tag{52}$$

Unterhalb der Grenzfrequenz kann man nicht von Bedingungen eines diffusen Schallfeldes ausgehen, da die Modendichte zu klein ist und deutliche räumliche Schwankungen der Energiedichte zu verzeichnen sind. Eine wichtige Maßnahme zur Verbesserung der Schallfeldbedingungen besteht im Einbringen von Absorptionsverlusten (Dämpfung der Moden) und einer damit verbundenen größeren Überlappung der Moden.

Doch auch trotz scheinbar idealer Diffusfeldbedingungen muss bei Messungen in Hallräumen stets über die Ergebnisse mehrerer Quell- und Mikrofonpositionen gemittelt werden, da eine perfekte Homogenität des Schallfeldes nicht vorliegt. Eignungstests für Hallräume beziehen sich dann weniger auf die Raumgeometrie als auf eine Auswahl von Quell- und Mikrofonpositionen, die Schalldruckpegel liefern, welche möglichst wenig um den Mittelwert schwanken. Dabei ist zu beachten, dass Messungen in Hallräumen sich normalerweise auf breitbandige inkohärente Signale in Frequenzbändern beziehen und Mittelwerte $\langle L \rangle$ über einzelne Diffusfeld-Schalldruckpegel L_i energetisch zu berechnen sind, d. h.

$$\langle L \rangle = 10\log\frac{1}{N}\sum_{i=1}^{N} 10^{L_i/10}\text{dB} \tag{53}$$

Darüber hinaus wird das Schallfeld im Hallraum im Falle von Absorptionsgradmessungen. (s. Kap. Raumakustik) durch den Prüfling gestört, da die Verhältnisse gleichmäßiger Absorption an den Raumflächen nicht mehr gegeben sind. Es ist dann in besonderem Maße Wert auf die Auswahl geeigneter Positionen und Mittelungsverfahren zu legen.

1.7 Anwendungsbeispiele

Absorptionsgrad und Impedanz

Zur Messung akustischer Impedanzen oder Reflexionsfaktoren von Materialien kann prinzipiell jede Methode verwendet werden, bei der hin- und rücklaufende Wellen separiert wird. Demgemäß sind Impulsmessverfahren grundsätzlich geeignet, jedenfalls unter bestimmten Voraussetzungen (Näherung ebener Wellen, nicht zu flache Einfallswinkel, glatte Oberflächen bzw. homogene Impedanzbelegung, genügende Zeitdifferenz zwischen Direktschall (1), Reflexion (2) und Störreflexionen (3) etc.).

Eine Art der Auswertung erfordert eine Subtraktion des Direktschalls (Abb. 20c), der vorab in einer Freifeldmessung ermittelt werden muss, eine zeitliche Fensterung (gestrichelte Linie) und eine Fourier-Transformation des verbleibenden Reflexionsanteils (2), welche direkt den Frequenzgang des komplexen Reflexionsfaktors ergibt.

Jedoch sind für die Erzielung korrekter Ergebnisse die o. g. Voraussetzungen zu beachten. Falls eine oder gar mehrere dieser Bedingungen nicht wenigstens näherungsweise erfüllt sind, sollte man dieses Verfahren nicht einsetzen. Dennoch ist es die Grundlage für ein standardisiertes Messverfahren der Schallabsorption und Schalldämmung von Lärmschutzwänden an Verkehrswegen und von Straßenbelägen. Um den doch sehr vereinfachenden Charakter der Messnorm klarzustellen, werden die Ergebnisse nicht als Reflexionsfaktor oder Impedanz, sondern mit dem Begriff „reflection loss“ bezeichnet.

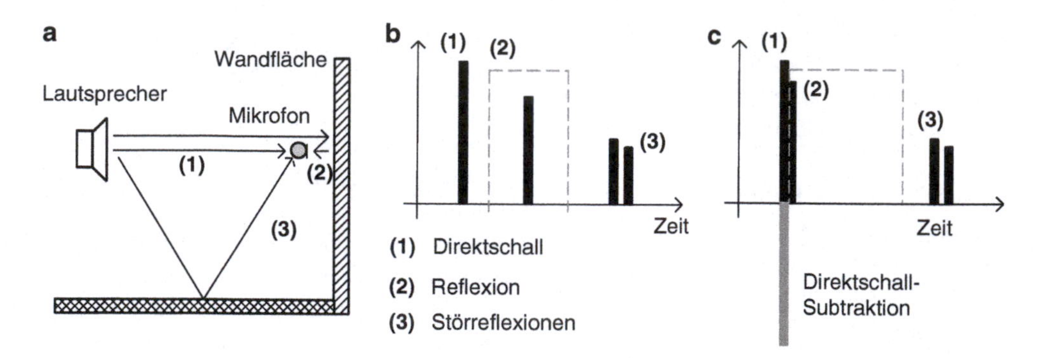

Abb. 20 In-situ-Messverfahren von Wandimpedanzen und Reflexionsfaktoren. **a** Messaufbau mit Reflexionspfaden; **b** Impulsantwort dieser Anordnung; **c** Impulsantwort bei Anordnung des Mikrofons direkt vor der Oberfläche mit Fensterung und Direktschall-Subtraktion. Die Zeitfunktion der dann verbleibenden Reflexion (2) führt durch Fourier-Transformation unmittelbar zum Reflexionsfaktor $\underline{R}(f)$

Klassische Methode (Kundt'sches Rohr)

Für die Amplitude des Schalldrucks längs der Rohrachse gilt:

$$|p(x)| = \hat{p}\sqrt{1 + |R|^2 + 2|R|\cos(2kx + \gamma)} \quad (54)$$

Durch Ausmessen der stehenden Welle kann man

$$|p|_{\max} = \hat{p}(1 + |R|) \quad \text{und} \quad |p|_{\min} = \hat{p}(1 - |R|) \quad (55)$$

ermitteln und damit $|R|$:

$$|R| = \frac{|p|_{\max} - |p|_{\min}}{|p|_{\max} + |p|_{\min}} \quad (56)$$

Bezeichnet man mit $d_{\min} = |x_{\min}|$ die Entfernung des ersten Minimums von der Wand, dann kann man hiermit auch den Phasensprung

$$\gamma = \pi\left(\frac{d_{\min}}{\lambda/4} - 1\right) \quad (57)$$

bestimmen und somit nach

$$Z = \rho_0 c\frac{1 + R}{1 - R} \quad (58)$$

die Probenimpedanz Z. Die Maxima und Minima des Schalldrucks in einer stehenden Welle heißen „Bäuche" und „Knoten" des Schalldrucks. An den Stellen, an denen die Schalldruckamplitude ein Maximum hat, hat die Amplitude der Schallschnelle ein Minimum und umgekehrt.

Vielfach interessiert man sich bei der Reflexion nur für die Schwächung der Intensität und kennzeichnet sie durch den Absorptionsgrad:

$$\alpha = \frac{\text{nicht wiederkehrende Intensität}}{\text{einfallende Intensität}} = 1 - |R|^2 \quad (59)$$

Zwei-Mikrofon-Methode

Mit der sog. „Zwei-Mikrofon-Methode" oder „Übertragungsfunktionsmethode" können Impedanzen und Reflexionsfaktoren auch breitbandig und daher viel schneller bestimmt werden, Abb. 21. Allerdings ist der apparative Aufwand etwas größer, und die Signalauswertung erfordert eine Frequenzanalyse. Man geht bei dieser Methode davon aus, dass sich hin- und rücklaufende Welle $S_h(f)$ und $S_r(f)$ in der Übertragungsfunktion zwischen zwei Punkten 1 und 2 im Rohr wiederfinden und der Reflexionsfaktor separiert werden kann. Für die gemessenen breitbandigen Signalspektren $S_1(f)$ und $S_2(f)$ gilt nämlich:

$$S_1 = e^{jkl}S_h + e^{-jkl}S_r \quad (60)$$

$$S_2 = e^{jkl}e^{jks}S_h + e^{-jkl}e^{-jks}S_r \quad (61)$$

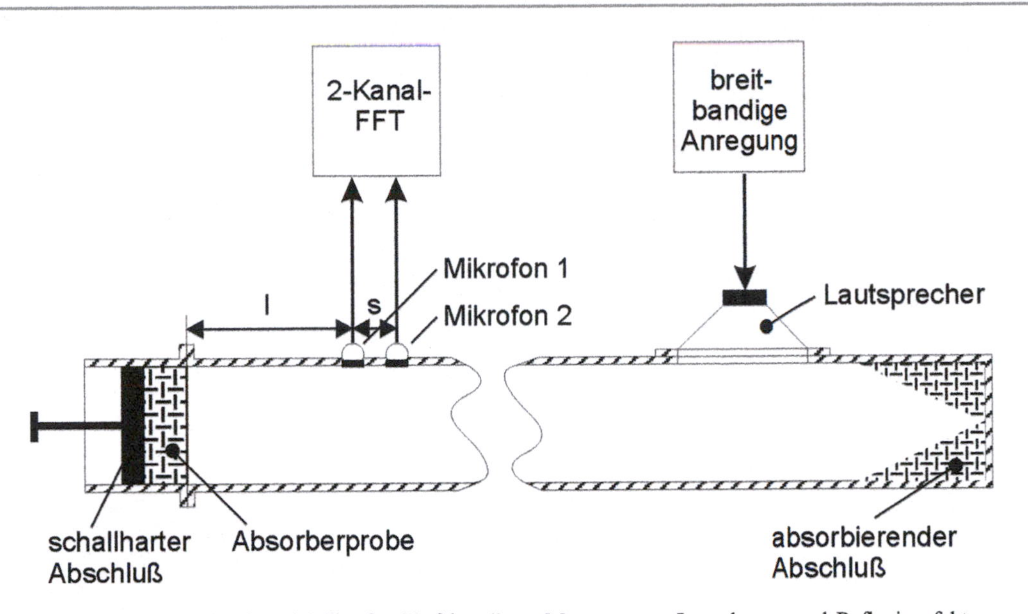

Abb. 21 Impedanzrohr für das „2-Mikrofon-Verfahren" zur Messung von Impedanzen und Reflexionsfaktoren von Materialproben oder anderen akustischen Abschlussimpedanzen

wenn mit l der Abstand zwischen der Probe und dem nächsten Mikrofon und mit s der Abstand zwischen den Mikrofonen bezeichnet wird. Durch Auflösen dieser Gleichungen lassen sich die Amplituden und damit der Reflexionsfaktor berechnen:

$$S_{\mathrm{h}} = \mathrm{e}^{-\mathrm{j}kl} \frac{S_2 - \mathrm{e}^{-\mathrm{j}ks} S_1}{\mathrm{e}^{\mathrm{j}ks} - \mathrm{e}^{-\mathrm{j}ks}} \tag{62}$$

$$S_{\mathrm{r}} = \mathrm{e}^{\mathrm{j}kl} \frac{\mathrm{e}^{\mathrm{j}ks} S_1 - S_2}{\mathrm{e}^{\mathrm{j}ks} - \mathrm{e}^{-\mathrm{j}ks}} \tag{63}$$

$$R = \frac{S_{\mathrm{r}}}{S_{\mathrm{h}}} = \mathrm{e}^{\mathrm{j}2kl} \frac{\mathrm{e}^{\mathrm{j}ks} S_1 - S_2}{S_2 - \mathrm{e}^{-\mathrm{j}ks} S_1} \tag{64}$$

Kürzt man in der letzten Gleichung für den Reflexionsfaktor die rechte Seite durch S_1, so erhält man die von den absoluten Spektren S_1 und S_2 unabhängige Darstellung

$$R = \mathrm{e}^{\mathrm{j}2kl} \frac{\mathrm{e}^{\mathrm{j}ks} - H_{12}}{H_{12} - \mathrm{e}^{-\mathrm{j}ks}} \tag{65}$$

die nur noch die komplexe Übertragungsfunktion H_{12} enthält.

Anforderungen an das Messrohr und an die Messapparatur sind genau festgelegt. Die Messunsicherheit ist sehr klein (einige wenige Prozent), sofern der Einbau der Probe sorgfältig vorgenommen wird.

Modalanalyse

Eine Messmethode mit umfangreichem detailliertem Informationsgehalt ist die Modalanalyse. Auch hierbei werden Übertragungsfunktionen gemessen, und zwar von einem Bezugs-Anregepunkt zu zahlreichen anderen gitterförmig angeordneten Punkten auf Strukturen oder in Räumen. Ein solches Gitter muss anhand der Geometrie des Messobjektes vorgegeben und anhand der höchsten zu messenden Frequenz genügend fein diskretisiert werden. Man setzt als obere Grenze der Abstände zwischen Messpunkten etwa $\lambda/6$ an. Die Übertragungsfunktionen können in Einzelmessungen von Schalldruck, Beschleunigung oder Auslenkung ermittelt werden. Nach der Messung beginnt eine computergestützte Auswertung der Messergebnisse hinsichtlich der im Raum und Frequenz spezifischen modalen Eigenschaften. Eigenfrequenzen und die Dämpfungen der Eigenschwingungen sind prägnante Merkmale des Systems, die in einem geeigneten Modell, bestehend aus einer Reihe von Resonatoren, beschrieben werden können. Diejenigen Parameter des Ersatzmodells zu finden, die eine optimale Annäherung

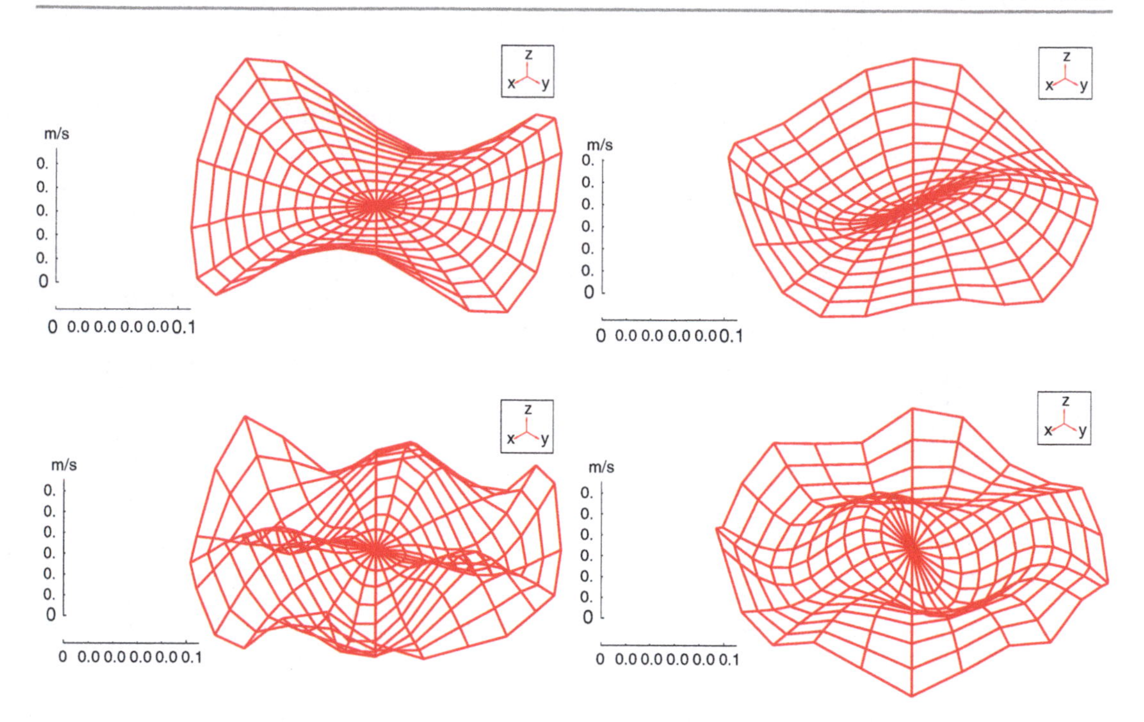

Abb. 22 Darstellung (Animation) von Schwingungsformen einer Kreismembran durch Messung von Schwingungsschnelle und -auslenkung auf einem Raster und nachfolgende Verarbeitung durch Modalanalyse (vier Eigenfrequenzen)

an die tatsächlichen Messdaten liefern, ist die eigentliche Aufgabe der Modalanalyse, Abb. 22.

Eine Korrelation der gemessenen Spitzen mit der räumlichen Schwingungsform auf dem Gitter führt schließlich zu der Möglichkeit, die Eigenschwingungen bei jeder Frequenz räumlich darstellen und animieren zu können. Mit dieser Methode können schwingende Systeme analysiert und gezielt verbessert werden.

Reziproke Messung der Schallabstrahlung

Die Messung von Übertragungsfunktionen (Green'sche Funktionen $G(v_n|p_1)$) von gekoppelten Körperschall-Luftschall-Problemen ist eine zentrale Aufgabe der Lärmbekämpfung. Diese Art der Übertragungsfunktionen ist definiert als das Verhältnis des an einem Aufpunkt gemessen Schalldrucks zur eingeprägten Schnelle eines schwingenden Objektes. Es handelt sich jedoch bei Objekten der schalltechnischen Praxis normalerweise nicht um mathematisch einfach beschreibbare Körper, so dass Berechnungsverfahren bis auf numerische Verfahren (FEM, BEM, etc.) praktisch nicht in Frage kommen. Ohne auf die Problematik und die theoretischen Voraussetzungen hier näher einzugehen, soll doch verdeutlicht werden, dass zwei Messmethoden zu gleichen Ziel führen können, wenn die Reziprozität zwischen Schallabstrahlung und Schallempfang ausgenutzt wird [12], Abb. 23, siehe auch Abschn. Vergleichsverfahren.

$$\frac{p_1}{v_n \mathrm{d}S} = \mathrm{j}\omega\rho_0 G(v_n|p_1) = \frac{p_2}{Q} \qquad (66)$$

Eine Teilfläche dS des abstrahlenden Körpers wird dabei als Punktschallquelle auf einem ansonsten starren Körper aufgefasst. Die gesuchte Übertragungsfunktion zwischen der Normalkomponente der Schnelle auf dS und dem Schalldruck am Aufpunkt ist identisch mit der Übertragungsfunktion zwischen der Volumenschnelle einer Volumen (fluss)quelle am Aufpunkt und dem Schalldruck unmittelbar vor dem starr fixierten Flächenelement. Hat man dieses Problem für ein Flächenelement im Prinzip gelöst, so besteht der Rest der Aufgabe in der Superposition aller Teilflächen-Beiträge zur

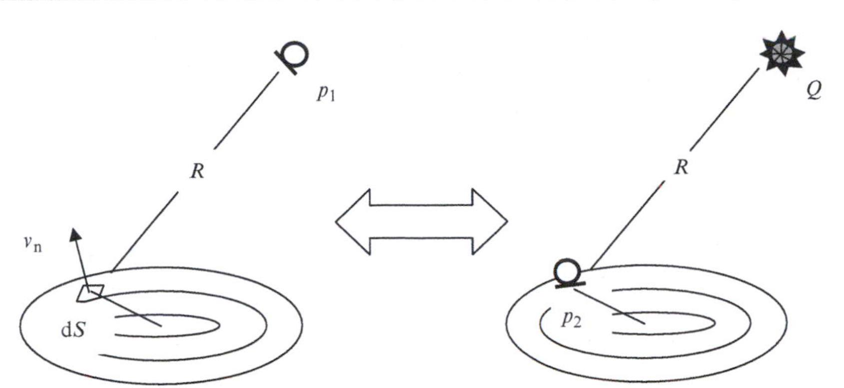

Abb. 23 Reziprozitätsprinzip: Äquivalenz der Schallabstrahlung (links) und des Schallempfangs (rechts). Die Übertragungsfunktion über den Abstand R wird als Green'sche Funktion oder als akustische Transferimpedanz interpretiert

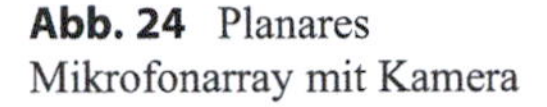

Abb. 24 Planares Mikrofonarray mit Kamera

Gesamt-Abstrahlung. Es versteht sich von selbst, dass die Übertragungsfunktionen komplex sind und dass alle modernen digitalen Messmethoden mit FFT-, matched-filter- oder Korrelationsverfahren hier eingesetzt werden können.

Die Tatsache, dass man „in beiden Richtungen" messen kann, bietet enorme Vorteile, besonders dann, wenn die Schnelle auf den Teilflächen mit optischen Sensoren oder mit Beschleunigungsaufnehmern nicht erfasst werden kann, z. B. bei der Schallabstrahlung von Aggregaten oder Maschinen unter widrigen Bedingungen der Temperatur, der Feuchte oder bei Vorhandensein aggressiver Gase, bei denen Beschleunigungsaufnehmer nicht eingesetzt werden können., wohl aber piezokeramische Druckaufnehmer. Ein anderes Beispiel ist die Schallabstrahlung von Reifen. Die Messung oder das „Scannen" des Schalldruckes in der Nähe des Reifens ist wesentlich einfacher realisierbar als die Messung der Normalschnelle auf der Reifenfläche.

Array-Messtechnik

Die mehrkanalige Messtechnik ist mittlerweile in zahlreichen Anwendungen etabliert. Das liegt zuallererst an der Verfügbarkeit kostengünstiger AD/DA-Hardware mit gut dokumentierten Schnittstellen zu Rechnerplattformen wie beispielsweise LabView oder MATLAB. Die Herstellung von 32-, 64- oder 128-kanaligen digitalen Messeinrichtungen mit entsprechend vielen Körperschallsensoren oder Mikrofonen eröffnet somit neue Möglichkeiten der Schallfeldaufnahme und

-analyse, Abb. 24. Prominente Beispiele dafür sind die Wellenfeldanalyse [13]., die „Akustische Holografie", die „Akustische Kamera", das „Beamforming" und die Methode der Kugelflächenfunktionen („Spherical Harmonics") [14].

Durch die verteilte Aufnahme der Schallfelddaten, z. B. des Schalldrucks, an mehreren Punkten stehen nicht nur zeitliche, sondern auch räumliche Merkmale des Schallfeldes zur Analyse zur Verfügung. Dem entsprechend können die Arraygeometrien in linearer Form oder in Kugelform in kartesischen oder sphärischen Raumkoordinatensystemen ausgespannt werden. Zur Analyse der Arraysignale setzt man die räumliche Fouriertransformation ein (beispielsweise für die akustische Holografie). Dabei werden die Schallfelddaten in einer Fläche aufgezeichnet und anschließend durch Transformation auf eine andere Fläche projiziert, z. B. auf die Oberfläche eines abstrahlenden Körpers, um dessen Oberflächenschnelle, Flächenimpedanz oder Oberflächenstruktur zu schätzen.

Eine andere Anwendung ist die räumliche Schallfeldanalyse mit Kugelarrays. Hierbei kann das auf das Kugelarrays einfallende Schallfeld in ebene Wellen aus den jeweiligen Einfallsrichtungen zerlegt werden. Damit können komplexe räumliche Schallfelder in ihre Einzelteile separiert werden, die jeweils aus separaten Schallquellen oder aus Reflexionen stammen.

Literatur

1. Möser, M.: Messtechnik der Akustik. Springer, Berlin (2010)
2. Harris, C.: Handbook of Acoustical Measurements and Noise Control. 3. Aufl. McGraw-Hill, New York (1991)
3. De Bree, H.-E.: An overview of microflown technologies. Acta Acust. United Acust. **89**, 163 (2003)
4. Bjor, O.-H.: Schnellemikrofon für Intensitätsmessungen, S. 629. FASE/DAGA 82 – Fortschritte der Akustik, Göttingen (1982)
5. Kuttruff, H., Schmitz, A.: Measurement of sound intensity by means of multi-microphone probes. Acustica **80**, 388 (1994)
6. IEC 61043: Electroacoustics – instruments for the measurement of sound intensity – measurements with pairs of pressure sensing microphones (1993)
7. IEC 61260: Electroacoustics – octave-band and fractional-octave-band filters (1995)
8. Müller, S., Massarani, P.: Transfer-function measurement with sweeps. J. Audio Eng. Soc. **49**, 443 (2001)
9. Aoshima, N.: Computer-generated pulse signal applied for sound measurement. J. Acoust. Soc. Am. **69**, 179 (1980)
10. Rife, D., Vanderkooy, J.: Transfer-function measurement with maximum-length sequences. J. Audio Eng. Soc. **37**, 419 (1989)
11. Mechel, F.P.: Schallabsorber, Bd. III. S. Hirzel Verlag, Stuttgart (1998), 4. Kapitel
12. Fahy, F.J.: The vibro-acoustic reciprocity principle and applications to noise control. Acustica **81**, 544 (1995)
13. Berkhout, A.J.: Seismic Migration: Imaging of Acoustic Energy by Wave Field Extrapolation. Elsevier, Amsterdam (2012)
14. Williams, E.G.: Fourier Acoustics: Sound Radiation and Nearfield Acoustical Holography. Academic, San Diego (1999)

Printed by Printforce, the Netherlands